半導體 工程技術 入門

PETER E. GISE
RICHARD BLANCHARD 原著

崔世崑·金鍾聲·魚秀海 共譯

韓 國 理 工 學 社

저 자 서 문

반도체 공정기술자뿐만 아니라 반도체공정에 관심을 가진 他分野 工學徒에게 單行本 指針書가 되었으면 하는 바램으로 이 책을 집필한다. 교과내용은 반도체 공정기술자 양성을 위한 내용이 주류를 이루기는 하지만 공정기술자들의 주관심사인 공정설계측면에 대해서도 다루었다.

학습방법으로는 기본적인 사항만을 다루고 technician 수준에서 마무리짓는 방법과 engineering 수준에서 한차원 높은 단계까지 파고드는 두가지 유형이 가능할 것이다.

各 단원은 2시간 정도의 강의로 마칠 수 있는 분량이며 自家學習者를 위해 cassette tape도 제작했다. cassette tape이 필요한 독자는 Failchild Camera & Instrument Corp., Corporate Training, Mountain View, California로 문의하기 바란다.

Peter E. Gise
Richard Blanchard

역 자 서 문

근년에 들어 반도체산업은 筆說로 형용하기 힘들 정도의 빠른 속도로 계속 발전하고 있다. 따라서 전자공학이나 물리학은 물론 많은 관련학문의 학생들에게 반도체에 대한 이해가 크게 요구되고 있는 실정이다.

이런 추세에 발맞추어 반도체이론 및 공정기술에 대한 서적이 많이 출판되고 있기는 하나 대부분의 내용이 난해하거나 분량이 지나치게 많아 반도체 제조기술에 입문하는 이들에게 큰 장애가 되고 있음은 간과할 수 없는 사실이다.

이 책은 반도체산업의 선두주자인 미국 Fairchild사에서 제작한 것으로 대학의 저학년이나 전문대학생, 반도체산업 종사자 외에도 반도체 제조기술에 관심있는 분들의 입문서로 적합하다고 생각되어 번역을 시도했다.

본서는 현재까지 반도체산업의 주종을 이루는 실리콘 반도체의 처리공정을 간단한 이론과 함께 기술하고 있으며 책 말미에 非실리콘系 기술에 대해서도 약술하고 있다. 전반적인 내용으로 보아 반도체이론 및 공정전반을 완전히 이해하여 실행하기 까지에는 부족한 점이 없지 않겠으나 一讀으로 실리콘 반도체 공정기술 전반에 대한 이해를 구할 수 있다는 점에 주안점을 두었으며 다음과 같은 점을 특히 강조했다.

각종 전문용어는 가능한한 우리말로 표기하되 처음 나오는 원어는 괄호내에 명기하여 번역서 이용에 흔히 수반되는 전문용어의 혼란방지에 치중했다. 번역서에 따른 용어의 난립을 고려하여 모든 용어는 과학기술용어사전을 原典으로 했으나 언급이 없는 경우는 시판중인 반도체서적에서 공통적으로 구사된 것을 채택했다.

더불어 원저의 내용을 충실히 옮기는데 주력했음을 밝히면서 번역상의 오류나 용어채택에 따른 미흡한 점에 대해서는 독자제위의 양해와 지적을 동시에 구하는 바이다. 아무쪼록 본서가 반도체공정 전반을 이해하는데 一助가 되었으면 한다.

끝으로 원고정리에 큰 도움이 된 朴鍾大군을 비롯한 여러분께 감사드리며 출판에 노고를 아끼지 않으신 한국이공학사 劉光鍾사장님과 사원 일동에 깊은 감사를 드린다.

1988년 1월

역자 씀

目　次

1. 반도체 물리 I
　1-1　원자구조··· 11
　1-2　물질의 분류·· 14
　　　　연습문제·· 21

2. 반도체 물리 II
　2-1　比抵抗··· 25
　2-2　캐리어의 移動··· 27
　　　　연습문제·· 29

3. 웨이퍼 제조 I
　3-1　실리콘결정의 성장··· 32
　3-2　웨이퍼의 결정방향, 절단 및 연마································ 34
　　　　연습문제·· 35

4. 웨이퍼 제조 II
　4-1　結晶方向·· 37
　4-2　結晶成長時의 도핑·· 39
　4-3　結晶缺陷(crystal defect)·· 40
　　　　연습문제·· 41

5. 에피택샬 증착 I
　5-1　서　론·· 43
　5-2　이　론·· 45
　5-3　에피택샬층의 成長·· 50
　　　　연습문제·· 52

6. 에피택샬 증착 II
- 6-1 서 론 ··· 53
- 6-2 에피택샬층의 평가 ·· 56
- 연습문제 ··· 59

7. 산 화 I
- 7-1 서 론 ··· 61
- 7-2 熱酸化 ··· 62
- 7-3 산화공정 ·· 63
- 7-4 산화막의 평가 ··· 66
- 7-5 최근의 산화기술 ··· 69
- 연습문제 ··· 70

8. 산 화 II
- 8-1 산화막의 두께 ··· 71
- 8-2 酸化反應 ·· 74
- 8-3 熱酸化時 도핑원자의 再分布 ·· 75
- 8-4 陽極酸化 ·· 77
- 연습문제 ··· 77

9. 불순물 주입 및 재분포 I
- 9-1 확 산 ··· 79
- 9-2 확산공정 ·· 80
- 9-3 확산의 분석 ·· 90
- 연습문제 ··· 93

10. 불순물 주입 및 재분포 II
- 10-1 확산의 수학적 해석 ·· 95
- 연습문제 ·· 110

11. 포토 마스킹
- 11-1 서 론 ··· 111

11-2　포토마스크의 형성 …………………………………………… 111
　　11-3　寫眞石版 ……………………………………………………… 114
　　　　　연습문제 ………………………………………………………… 120

12. 화학증착
　　12-1　서　론 ……………………………………………………… 121
　　12-2　화학증착의 순서 및 응용 ………………………………… 124
　　　　　연습문제 ………………………………………………………… 129

13. 금속막 증착
　　13-1　금속막의 구비조건 ………………………………………… 131
　　13-2　眞空蒸着 …………………………………………………… 132
　　13-3　증착기법 …………………………………………………… 134
　　13-4　진공증착 공정 ……………………………………………… 138
　　　　　연습문제 ………………………………………………………… 139

14. 소자공정
　　14-1　합금/어닐 …………………………………………………… 141
　　14-2　알로이 공정후의 표본 검사 ……………………………… 143
　　14-3　긁힘보호(scratch protection) …………………………… 144
　　14-4　뒷면처리(backside preparation) ………………………… 144
　　14-5　웨이퍼 분류 ………………………………………………… 145
　　14-6　소자분리(device seperation) …………………………… 145
　　14-7　다이접착(die attach 혹은 die bonding) ……………… 147
　　14-8　도전접착 …………………………………………………… 147
　　14-9　패키지의 고려사항 ………………………………………… 148
　　14-10　최종검사 …………………………………………………… 148
　　14-11　표기 및 포장 ……………………………………………… 148
　　　　　연습문제 ………………………………………………………… 149

15. 소　자
　　15-1　바이폴라 技術 ……………………………………………… 151

15-2 표준 바이폴라기술을 이용한 소자 ················ 152
15-3 MOS 기술 ················ 160
15-4 기타 MOS 기술 ················ 162
　　　연습문제 ················ 163

16. 오염방지

16-1 화학약품 및 세척과정 ················ 165
16-2 물 ················ 167
16-3 공　기 ················ 169
16-4 기　체 ················ 170
16-5 인체／청정실 ················ 171
　　　연습문제 ················ 171

17. 최근의 실리콘 기술

17-1 기술추세 : 기판 크기와 소자 밀도 ················ 173
17-2 배열／노출 ················ 174
17-3 공정기술의 발전 ················ 177
17-4 素子技術의 발달 ················ 178
　　　연습문제 ················ 180

18. 非실리콘 기술

18-1 發光다이오드 ················ 183
18-2 光集積回路 ················ 184
18-3 액정표시(LCD : liquid crystal display) ················ 184
18-4 수정발진자 ················ 184
18-5 磁氣버블 및 磁域素子 ················ 185
18-6 하이브리드 기술 ················ 185
　　　연습문제 ················ 186

해　답 ················ 187
附　錄 ················ 201
索　引 ················ 227

1. 반도체 물리 I

1-1 원자구조

원자구조의 初期모형은 陽子와 中性子로 구성된 核과 核을 둘러싸고 있는 電子와 그 궤도 혹은 殼(shell)으로 나타내고 있다. 그림 1-1과 원자모형은 끊임없이 수정되긴 했지만 半導體를 포함하여 많은 물질에서 여러가지 物理的 現象을 설명하는데 크게 기여해왔다.

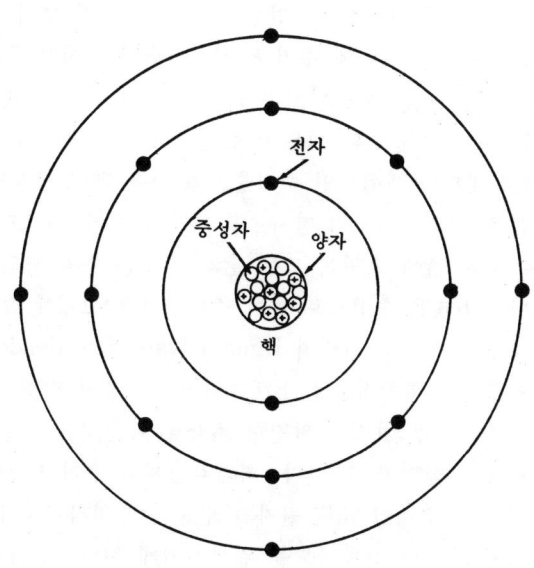

그림 1-1 실리콘 원자

한개의 原子가 갖는 陽子와 電子의 數가 같을 때 이 원자는 전기적으로 中性이다. 그러나 핵을 둘러싼 궤도電子數의 增減은 원자를 陰陽으로 帶電시킨다. 이와 같이 대전된 원자를 이온화원자 혹은 이온이라 한다. 原子의 물리적, 화학적 성질의 대부분은 最外殼電子의 數로 결정되는데 이는 이들 최외각 전자가 원자와 외부세계를 잇는 교량역활을 하기 때문이다.

陽子數가 같은 모든 원자는 중성자나 전자의 수와는 관계없이 同一한 元素이며 양자수가 같은 非이온화 원자는 모두 같은 수의 전자를 갖는다. 이런 경우 다를 수 있는것은 核내부의 중성자뿐이며, 양자수는 같으나 중성자수가 다른 원자들을 同位元素라 한다.

19세기에 들어 많은 화학자들이 밀도가 서로 다른 원소가 물리적, 화학적으로 유사한 특성을 가진다는 것을 발견하게 되자 밀도를 기준으로 유사한 성질을 나타내는 원소들을 하나의 群으로 보아 그림 1-2와 같은 周期律表를 만들었다. 周期律表의 대부분은 실험결과에 근거하여 작성된 것이지만 우리는 이 表로 부터 물질의 성질을 알 수 있으며 이는 반도체의 경우에도 마찬가지다.

모든 원자에는 전자가 점유할 수 있는 궤도가 있으며 核과 가까운 궤도일수록 작은 數의 전자를 갖는데 주기율표는 이러한 원자핵 주위의 電子配列을 근거로 하여 만든 것이다. 원자의 궤도는 핵과 가까운 궤도부터 전자에 의해 채워지는데 주기율표의 列은 바로 전자의 궤도점유를 나타내는 것이다. 즉, 하나의 궤도가 채워지면 주기율표의 다음 列이 시작되는 것이다.

주기율표의 行은 최외각궤도의 전자수를 나타내며 이것이 族(group)번호이다. 그러므로 같은 行에 속하는 모든 元素는 같은 수의 최외각전자를 가지는 것이다. 이제 1族을 중심으로 하여 주기율표를 고찰해 보기로 한다.

주기율표를 고안한 소련의 화학자 Dimitri Ivanovich Mendeleef 는 최외각전자가 8개인 원자는 화학적으로 不活性이라는 사실을 밝혔다. 우리는 원자가 8개의 최외각전자를 가질때 완전한 集合을 이룬다는 사실에서 化合物 형성시의 원소반응을 설명할 수 있다. 최외각전자의 수가 1개인 1族 원자는 최외각전자의 수가 7개인 Ⅶ族 원자와 반응하여 외각전자 1개를 7族원자에 빌려주므로써 자신의 안쪽궤도를 완성시키게 된다. 반대로 Ⅶ族의 원자는 외각전자 1개를 빌려 옴으로써 자신의 외각을 완성시키게 된다. 이와 같이 한개의 잉여전자를 갖는 원자와 전자가 한개 부족한 원자가 전기적

1-1 원자구조 **13**

GROUP		I	II	III	IV	V	VI	VII	VIII			O
Period	Series											
1	1	1H 1.0080										2He 4.003
2	2	3Li 6.940	4Be 9.013	5B 10.82	6C 12.010	7N 14.008	8O 16.000	9F 19.00				10Ne 20.183
3	3	11Na 22.997	12Mg 24.32	13Al 26.97	14Si 28.06	15P 30.98	16S 32.066	17Cl 35.457				18A 39.944
4	4	19K 39.096	20Ca 40.08	21Sc 45.10	22Ti 47.90	23V 50.95	24Cr 52.01	25Mn 54.93	26Fe 55.85	27Co 58.94	28Ni 58.69	
	5	29Cu 63.54	30Zn 65.38	31Ga 69.72	32Ge 72.60	33As 74.91	34Se 78.96	35Br 79.916				36Kr 83.7
5	6	37Rb 85.48	38Sr 87.63	39Y 88.92	40Zr 91.22	41Nb 92.91	42Mo 95.95	43Tc	44Ru 101.7	45Rh 102.91	46Pd 106.7	
	7	47Ag 107.880	48Cd 112.41	49In 114.76	50Sn 118.70	51Sb 121.76	52Te 127.61	53I 126.92				54Xe 131.3
6	8	55Cs 132.91	56Ba 137.36	6 57-71 Rare earths*	72Hf 178.6	73Ta 180.88	74W 183.92	75Re 186.31	76Os 190.2	77Ir 193.1	78Pt 195.23	
	9	79Au 197.2	80Hg 200.61	81Tl 204.39	82Pb 207.21	83Bi 209.00	84Po 210	85At				86Rn 222
7	10	87Fr	88Ra 226.05	89 Actinide series**								

*Rare earths: 57La 132.92 | 58Ce 140.13 | 59Pr 140.92 | 60Nd 144.27 | 61Pm | 62Sm 150.43 | 63Eu 152.0 | 64Gd 156.9 | 65Tb 159.2 | 66Dy 162.46 | 67Ho 164.94 | 68Er 167.2 | 69Tm 169.4 | 70Yb 173.04 | 71Lu 174.99

**Actinide series: 89Ac 227 | 90Th 232.12 | 91Pa 231 | 92U 238.07 | 93Np | 94Pu | 95Am | 96Cm | 97Bk | 98Cf

그림 1-2 주기율표

으로 결합하는 형태를 이온결합이라 한다.

여기서 II族의 원소와 VI族의 원소가 결합하는 경우를 살펴보기로 하자. 이들 두 원자가 결합하면 각 族의 원자는 서로 필요한 전자를 얻게 된다. 그러나 VI族 원자가 나머지 전자 2개를 획득하는데 어려움이 있기 때문에 이들을 共有한다. 이러한 결합은 電子를 取하는 이온결합과는 달리 두개의 원자가 전자를 공유하는 형태이며, 이를 공유결합이라 한다. III族과 V族의 원자, IV族의 원자끼리는 자신이 가진 4개의 전자중 한개를 인접한 4개의 원자와 공유함과 동시에 인접한 4개의 원자로부터 한개의 전자를 빌리게 되는 것이다.

1-2 물질의 분류

물질을 분류하는 한가지 방법은 전기전도성에 의한 방법이며, 이런 기준에서 볼때 물질을 크게 3종류로 구분할 수 있다.

1. 절연체—전기전도성이 거의 없다.
2. 도 체—전기전도성이 우수하다.
3. 반도체—순수한 경우의 전기전도성은 좋지않다.

위에서 구분한 각 물질의 전자구조를 관찰하면 다음과 같은 사실을 알 수 있다. (그림 1-3 참조)

1. 절연체—모든 전자들이 강하게 속박되어 있기 때문에 전류를 흘릴 수 없다.
2. 금 속—많은 자유전자를 포함하므로 전류를 쉽게 흘릴 수 있다.
3. 반도체—일부 전자가 자유전자이므로 전류를 흘릴 수 있다.

실리콘과 게르마늄이 주류를 이루는 반도체는 주기율표의 제IV族에 속해 있으며 이들 원소가 結晶狀態일 때에는 그림 1-4 a 와 같이 한개 원자는 자신이 가진 4개의 전자중 한개를 인접한 4개의 원자와 공유한다. 그러나 온도가 0°K보다 높아지면 그림 1-4 b 와 같이 원자간을 연결하는 結合의 一部가 파괴되면서 자유전자가 생성되어 전류가 흐를 수 있게 된다. 또 자유전자의 생성으로 인해 전자가 결핍되면 나머지 전자 역시 속박에서 벗어나므로 格子內를 이동하게 된다. (그림 1-4 c 참조) 이때 전자가 이탈하므로써

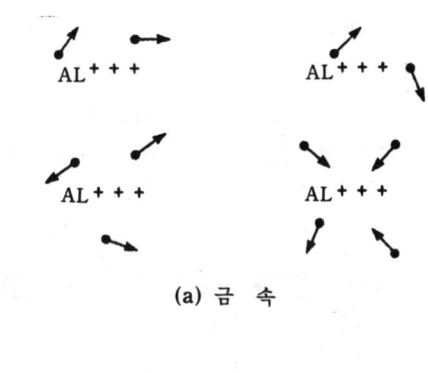

(a) 금 속

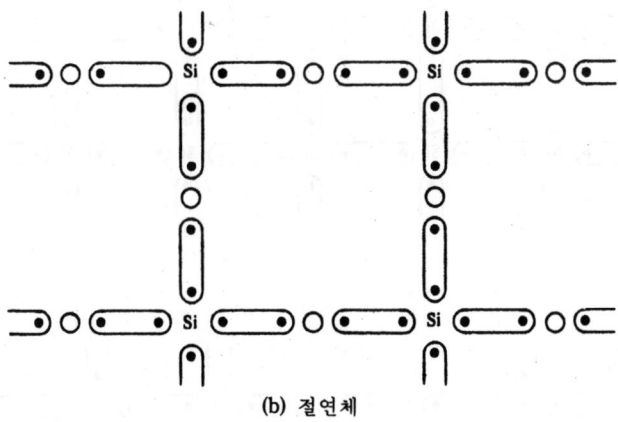

(b) 절연체

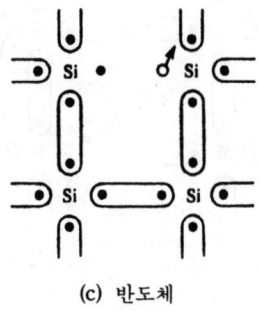

(c) 반도체

그림 1-3 금속, 절연체 및 반도체의 결합구조

생긴 상대적인 전하를 正孔(hall)이라 한다. 순수반도체 結晶에 있어서 결합의 파괴는 온도에만 의존하며, 하나의 결합이 파괴되면 정공과 전자가 한 개씩 생성되므로 정공과 전자의 수는 같아진다. 반도체內의 단위체적(cm³)당 전자의 數를 n, 정공의 數를 p라 하면 순수반도체 즉 眞性半導體의 경

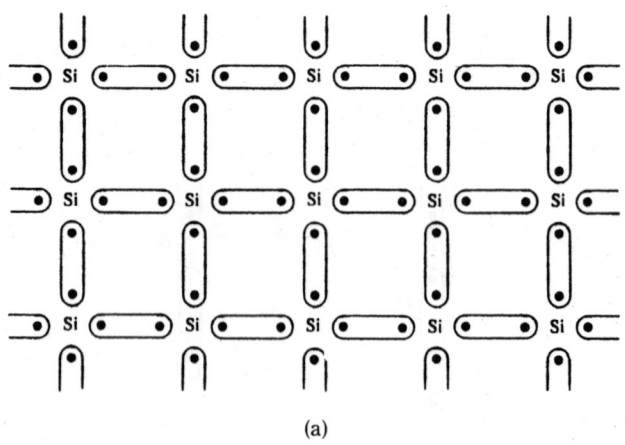

(a)

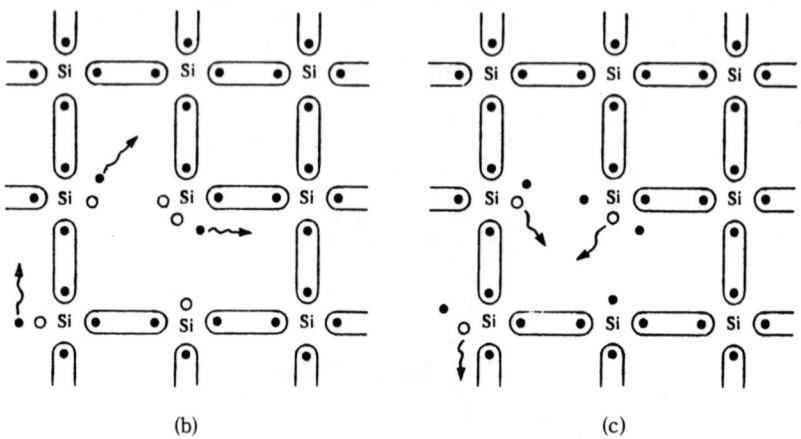

(b)　　　　　　　　　　(c)

그림 1-4　a) 0°K에서의 Si
　　　　　b) Si 내의 전자에 의한 전도
　　　　　c) 정공에 의한 전도

우에는 n 과 p 는 동일한 값이다. 순수반도체에서 파괴된 結合의 數를 n_i 라 하면 다음과 같은 식이 성립함을 알 수 있다.

$$n = p = n_i \qquad (1-1)$$
$$np = n_i^2 \qquad (1-2)$$

(1-2)식에서 n_i^2은 온도의 함수이며, 실리콘의 경우 常溫(27℃)에서 $n_i^2 = 1.4 \times 10^{10}/cm^3$, $n_i^2 \fallingdotseq 2 \times 10^{20}/cm^6$ 이다.

반도체內에서 동일한 數의 전자와 정공이 生成될 경우에는 특이한 형상이 일어나지는 않는다. 그러나 반도체에 微量의 불순물을 첨가하면 전자나 정공의 數를 증가시키고, 그 결과 반도체물질에 有用한 기능을 부여한다.

실리콘은 외각에 4개의 電子를 가지며 인접한 다른 4개의 원자와 이들을 공유한다. 따라서 실리콘 원자를 p와 같은 V族원자로 대치하면 p는 그림 1-5 a 와 같이 자신이 가진 5개의 전자를 인접한 4개의 실리콘 원자와 공유하는데 이때 결합하지 못한 전자 한개가 自由電子로써 전류를 흘리게 한다. 이와 같이 餘分의 傳導電子를 가지는 반도체를 n 形半導體라 한다. 이에 반해 실리콘 원자를 B와 같은 III族원자로 대치하면 전자의 부족으로 인해 그림 1-5 b 와 같이 한개의 정공이 생기게 되는데, 이러한 반도체를 p 形半導體라 한다. 이상과 같이 반도체에 3族 혹은 5族원자를 주입하는 조작을 도핑(doping)이라 하며 도핑원자가 여분의 電子를 공급하느냐 正孔을 공급하느냐에 따라 도우너(donor) 또는 억셉터(acceptor)라 한다. 도우너 및

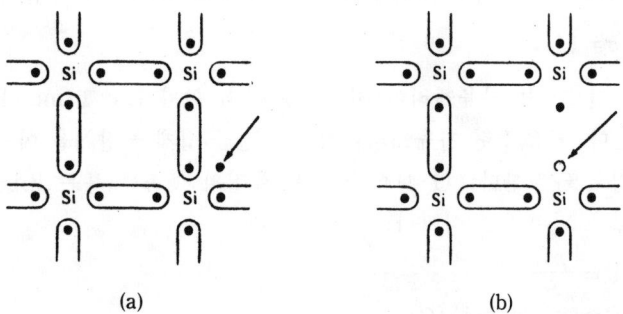

그림 1-5 a) 잉여전자
b) 잉여정공

억셉터量은 반도체內의 단위체적(cm^3)당 원자수로 나타내며 각각 N_D 및 N_A로 표기한다. 실리콘의 경우를 예로 들면 도우너원자로서는 V族의 P, As, Sb, 억셉터원자로는 B, Al, Ga 등이 주로 사용된다.

반도체內에서 傳導電子의 증가는 정공의 감소를 초래하며 정공이 증가하면 전자가 줄어들게 된다. $n \cdot p = n_i^2$은 $n \neq p$ 일 경우에도 성립하는데 예를 들어 실리콘에 도우너원자만을 도핑하고 N_D가 $10^{19}/cm^3$보다 작을 때는 모든 도우너원자가 電導電子를 생성한다. 따라서 $n = N_D$ 이므로 $p = n_i^2/N_D$ 기여한다. 이는 억셉터원자만을 도핑한 경우에도 마찬가지로 적용된다. 즉, $N_A < 10^{19}/cm^3$ 이고 억셉터원자만을 도핑했다면 $p = N_A$ 이므로 $n = n_i^2/N_A$가 되는 것이다.

반도체에 억셉터원자와 도우너원자를 동시에 주입하는 경우에는 쌍방이 서로의 영향을 상쇄하려고 작용한다. 따라서 $N_D > N_A$이며 도우너원자가 억셉터원자의 영향을 완전히 제거하므로 이때 생성하는 전자의 數는 도우너원자의 數와 억셉터 원자數와의 差와 같아진다. $N_A > N_D$인 경우는 $N_D > N_A$인 경우에 생성되는 전자數와 같은 量의 정공이 생성된다. 그러나 N_A, N_D의 크기에 관계없이 $n \cdot p$ 의 積은 일정하므로 (1-2)식에 의해 소수캐리어의 형태를 결정할 수가 있다.

반도체內의 도우너나 억셉터의 量은 傳導度(conductivity)와 比抵抗(resistivity)을 측정하여 산출한다. 물질의 比抵抗이란 어떤 물질 兩端에 걸린 전압에 대해 반대방향으로 작용하는 힘을 말하며 ρ로 표기하고 단위는 (Ω-cm)이다. (1-3)식은 傳導度(σ)와 比抵抗의 관계를 나타낸 것이다.

$$\sigma = 1/\rho \tag{1-3}$$

物質의 전도도는 자유캐리어(전자, 정공)의 數와 移動度(mobility)에 따라 달라진다. 移動度란 자유캐리어가 얼마만큼 쉽게 물질內를 이동할 수 있으냐의 정도를 말한다. (1-4)식은 어떤 물질의 傳導度(혹은 比抵抗)를 알 때 저항값을 나타내는 식이다.

$$R = \frac{\rho L}{A} \tag{1-4}$$

단, R = 物質의 抵抗(Ω)
L = 接點間의 길이
A = 물질의 단면적

다음 식은 어떤 물질에 흐르는 전류와 전압의 관계를 나타낸 것이다.

$$V = RI \text{ 혹은 } R = V/I \tag{1-5}$$

반도체를 비롯한 산업용 재료에서 자주 측정하는 변수의 하나로는 薄板抵抗(sheet resistance)을 들 수 있다. R_s로 표기되는 박판저항은 정방형당 저항($\Omega/\square$)을 말하며, n개의 정방형을 배열했을 때 저항값은 nR_s가 된다. (예를 들어 어떤 재료의 정방형 10개를 일렬로 놓았다고 할 때 $R_s = 100\,\Omega/\square$이라면, 전체 저항은 $nR_s = 1000\,\Omega$) 박판저항은 4點프로브(four-point probe)로 측정하며 박판저항에 대한 전류·전압 관계식은 아래와 같다.

$$R_s = 4.53 \frac{V}{I} \tag{1-6}$$

단, (1-6)식은 다음의 경우에만 유효하다.
1. 피측정層의 두께가 4點프로브의 프로브 간격에 비해 대단히 얇을 것
2. 피측정 시편의 길이와 폭이 프로브 간격보다 훨씬 길 것

어떤 물질에서 薄層이 균일하게 형성되고 박판저항값을 알 경우의 比抵抗 ρ는 다음 식으로 계산한다.

$$\rho = R_s \times \text{두께} \quad (\rho = R_s \cdot t) \tag{1-7}$$

시편의 두께가 프로브 간격보다 훨씬 두꺼운 경우, 4點프로브의 전류-전압지시치와 比抵抗의 관계는 (1-8)식과 같다.

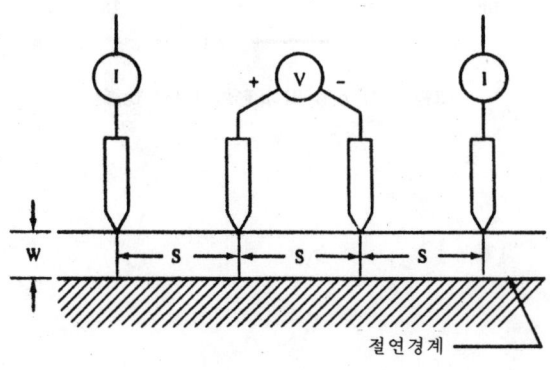

그림 1-6 4點프로브

1. 반도체 물리 I

$$\rho = 2\pi S \frac{V}{I} \quad (\pi = 3.1459) \tag{1-8}$$

여기서 S는 프로브 간격이다.

실리콘의 比抵抗은 도우너원자 및 억셉터원자의 첨가량과 온도에 따라 달라진다. 그림 1-7은 실리콘막대에 도우너나 억셉터원자중 어느 한 종류만을 첨가했을 때 의 比抵抗을 나타낸 것이다. 도핑농도와 도핑원자의 형태 (n형 혹은 p형)를 알 때 그림 1-7의 그래프로 부터 시편의 比抵抗을 알아내는 방법은 다음과 같다. 그래프의 종축에서 도핑농도 값을 찾은 다음 이 점이 도핑형태에 따른 해당곡선과 마주치는 곳에서 수직으로 직선을 그었을 때의 횡축의 값이 곧 比抵抗이다.

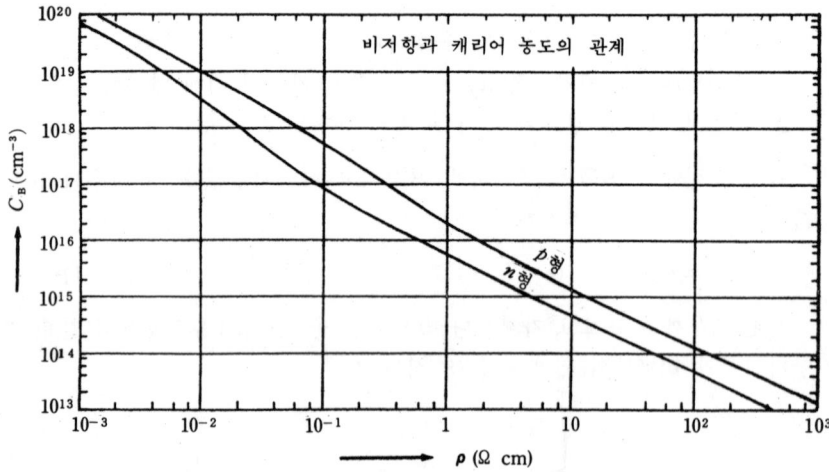

그림 1-7 n形 및 p形실리콘의 比抵抗

연 습 문 제

1. 실리콘 시편에 단위체적(cm³)당 10^{10}개의 P 원자를 도핑했다고 가정할 때 아래 문항에 답하라.
   a. 도우너농도 N_D
   b. 억셉터농도 N_A
   c. 전자농도 n
   d. 정공농도 p
   e. 비저항 ρ

2. 실리콘 시편에 단위체적 (cm³)당 2×10^{10}개의 B 원자를 도핑했을 때 아래 문항에 답하라.
   a. 도우너농도 N_D
   b. 억셉터농도 N_A
   c. 전자농도 n
   d. 정공농도 p
   e. 비저항 ρ

3. 실리콘 시편에 단위체적(cm³)당 3×10^{17}개의 As 원자와 5×10^{17}개의 B 원자를 도핑했을 때 아래 문항에 답하라.
   a. 도우너농도 N_D
   b. 억셉터농도 N_A
   c. 전자농도 n
   d. 정공농도 p

4. 4點프로브로 측정한 어떤 시편의 전류, 전압이 아래와 같을 때 시편의 박판저항 R_s 는 얼마인가?
   $V = 5\times 10^{-3}(V)$
   $I = 4.5\times 10^{-3}(A)$

5. 그림과 같은 막대의 比抵抗이 $2(\Omega\text{-cm})$일 때 이 시편의 저항 R 은 얼마인가?

6. Ge 시편에 단위체적(cm^3)당 5×10^{16}개의 B원자를 도핑했다고 가정하자. $300°K$에서의 진성캐리어 농도가 2.43×10^{13}개/cm^3라면 이 시편의 전자 및 정공농도는 얼마인가?

7. 6번 문항에서 시편의 온도가 상승하면 다수캐리어와 소수캐리어 농도 차는 감소한다. 만약 진성캐리어 농도가 $1°K$당 6%의 비율로 증가한다면 소수캐리어 농도가 다수캐리어 농도의 2%와 같아지는 온도는 몇 $°K$ 인가?

8. 어떤 반도체의 정공농도가 10^{15}개/cm^3이고 전자농도가 4×10^3개/cm^3일 때 진성캐리어 농도와 純(net) 불순물 농도를 구하라.

9. 실리콘 시편에 단위체적(cm^3)당 2×10^{16}개의 억셉터와 5×10^{16}개의 도우너원자를 도핑했다고 하자. 常溫에서 전자와 정공농도가 평형상태를 이루기 위해서는 어떤 불순물을 얼마만큼 추가해야 하는가?

10. 길이가 $1 cm$이고 높이와 폭이 $0.1 cm$인 n형 실리콘막대의 兩端間의 저항이 10Ω일 때 도우너원자의 농도를 구하라.

2. 반도체 물리 II

 2장에서는 금속, 절연체 및 반도체 등으로 구분되는 物質을 1장과는 다른 차원에서 고찰해 보기로 한다. 어떤 물질에서 전자가 점유할 수 있는 허용궤도는 전자의 허용에너지준위와 일치한다. 따라서 여러개의 전자가 모이면 이들의 에너지가 합쳐져 電子의 허용에너지帶域을 형성한다. 이러한 에너지대역의 관점에서 볼 때 절연체는 그림 2-1a와 같이 완전히 채워진 에너지帶(充滿帶)가 넓은 에너지갭(gap)에 의해 다음 허용 帶域으로 부터 분리된 형태로 볼 수 있다. 한편 금속의 경우는 두개의 에너지帶가 겹쳐 있으므로 전자의 에너지帶間 移動이 용이하여 電流를 쉽게 흘릴 수 있다. (그림 2-1b 참조)
 한편 반도체는 그림 2-1c와 같이 두개의 에너지준위가 좁은 에너지갭에 의해 분리되어 있다. 따라서 結晶의 에너지에 의해 에너지가 낮은 價電子帶에 존재하던 전자중 일부가 傳導帶로 이동하므로써 전도대에는 전자, 가전자대에는 정공이 형성된다.
 半導體에 도우너원자나 억셉터원자를 주입하면 전도대나 가전자대에 인접한 에너지갭 내에 불순물에 의한 새로운 에너지준위가 형성된다. 즉, 도우너원자는 전자를 생성하므로 그림 2-3과 같이 전도대 바로 아래에 도우너 에너지준위를 형성한다. 억셉터원자의 경우는 가전자대 바로 위에 전자가 점유가능한 준위를 형성하게 되어 가전자대 안에 있던 전자가 이 준위를 점유하면 가전자대에는 정공이 형성된다(그림 2-4 참조). 도우너원자 및 억셉터원자를 동시에 주입하면 도우너준위에 있던 전자는 억셉터준위를 점유하게 되는데 이러한 전자의 움직임은 억셉터준위가 완전히 채워지거나 도우너준위에 있는 모든 전자가 도우너준위를 벗어날 때 까지 계속된다.

24 1. 반도체 물리 I

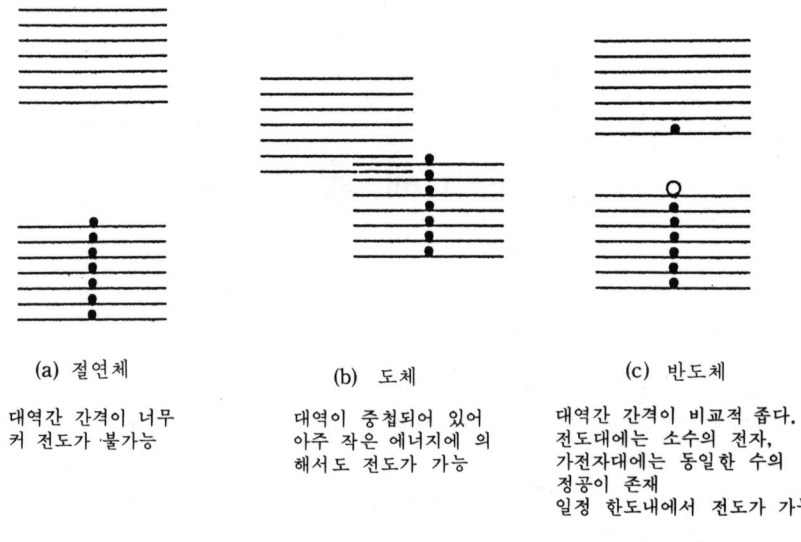

(a) 절연체
대역간 간격이 너무 커 전도가 불가능

(b) 도체
대역이 중첩되어 있어 아주 작은 에너지에 의해서도 전도가 가능

(c) 반도체
대역간 간격이 비교적 좁다. 전도대에는 소수의 전자, 가전자대에는 동일한 수의 정공이 존재
일정 한도내에서 전도가 가능

그림 2-1 에너지 준위도 a) 절연체 b) 도체 c) 반도체

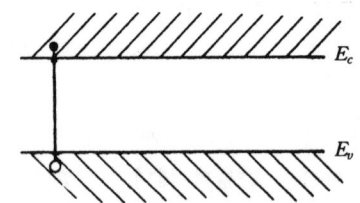

그림 2-2 가전자대에서 전도대로의 전자이동

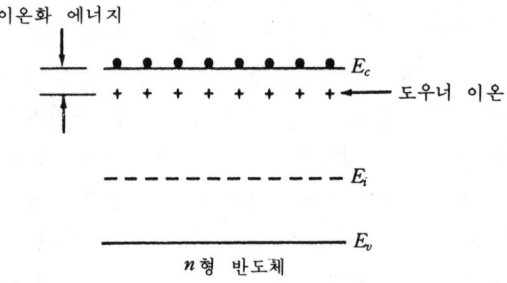

그림 2-3 반도체내의 도우너준위

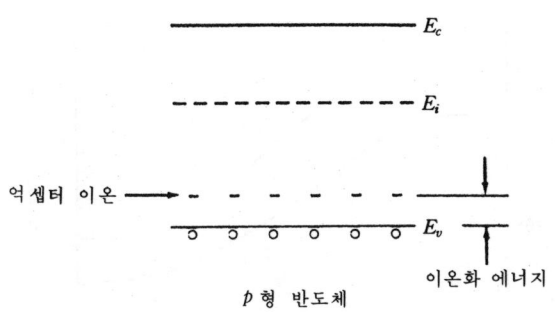

그림 2-4 반도체내의 억셉터준위

이와 같은 반도체의 결합형태는 앞서 언급한 결합형태를 보완하며, 두 결합형태의 유사성은 반도체내에서 일어나는 여러가지 현상을 이해하는데 큰 도움을 준다.

2-1 比抵抗

半導體內 不純物을 주입하면 比抵抗이 變하며 이를 이용하면 반도체의 여러가지 유용한 반응을 알 수 있다. 物質의 傳導度는 전자와 정공의 數, 각 캐리어의 電荷量(q 라 하며 전자의 전하량은 1.6×10^{-19} coulomb 이다) 및 物質內에서의 전자와 정공의 移動度에 따라 달라진다. 물질의 전도도는 (2-1)식과 같다.

$$\sigma = qn\mu_n + qp\mu_p \tag{2-1}$$

여기서 μ_p=전공의 이동도

μ_n=전자의 이동도

이며 n 과 p 는 1장에서 정의한 바와 같다. 結晶내를 통과하는 캐리어(전자 혹은 정공)의 移動度는 불순물원자의 總數에 의해 영향을 받게 되는데 이는 格子內의 불순물원자가 규칙적인 結晶構造에 미세한 變化를 일으키기 때문이다. 그림 2-5는 27℃에서의 실리콘내의 전자 및 정공의 이동도를 나타낸 것이다. 여기서 C_T는 불순물의 농도이며 도우너원자와 억셉터원자의 合이다.

$$C_T = N_A + N_D \tag{2-2}$$

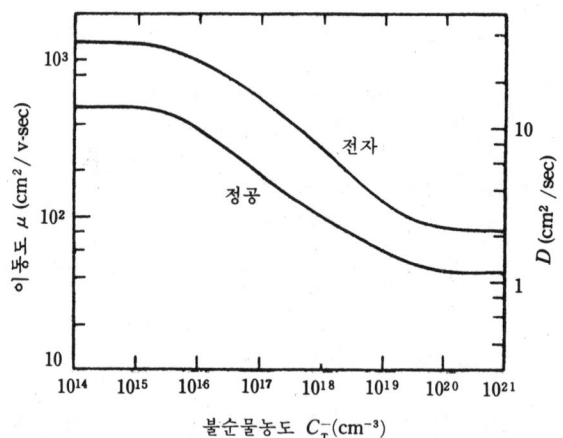

그림 2-5 실리콘내에서의 전자와 정공의 **移動度**

比抵抗과 불순물농도에 대한 그림 1-7의 그래프는 실리콘에 도우너와 억셉터원자중 어느 한가지만을 주입한 경우에 적용되며 두가지 원자를 모두 주입했을 때의 물질의 **比抵抗**은 계산에 의해 구해야 한다.

예제 1) 어떤 시편의 불순물 농도가 $N_D = 2 \times 10^{15}/cm^3$, $N_A = 4 \times 10^{15}/cm^3$ 이다. 27°C에서의 **比抵抗**을 구하라.

解) 우선 n과 p를 구하면

$p = N_A - N_D = 2 \times 10^{15}/cm^3$

$n = n_i^2/p = 1 \times 10^{15}/cm^3$

그림 2-5로 부터 $N_D + N_A = 6 \times 100^{15}/cm^3$에 대한 μ_n과 μ_p를 찾으면

$\mu_n = 1100\ cm^2/v\text{-sec}$, $\mu_p = 400\ cm^2/v\text{-sec}$

$\sigma = q(\mu_n n + \mu_p p) \cong q\mu_p P$

따라서

$\rho = 1/\sigma = 1/(1.6 \times 10^{-19})(400)(2 \times 10^{15}) = 7.8\ \Omega\text{-cm}$

예제 2) 예제 1에서 시편의 불순물농도가 $N_D = 6 \times 10^{17}/cm^3$ $N_A = 3 \times 10^{17}/cm^3$라면 27°C에서의 **比抵抗**은 얼마인가?

解) 우선 n과 p를 구하면

$n = N_D - N_A = 3 \times 10^{17}/cm^3$

$p = n_i^2/n = 6.7 \times 10^2/cm^3$

그림 2-5로 부터 μ_n과 μ_p는 각각 $\mu_n \cong 700$

$\mu_p \cong 200 \quad (C_T = N_A + N_D)$

$\sigma = q(\mu_n n + \mu_p p) \cong q\mu_n n = (1.6 \times 10^{-19})(700)(3 \times 10^{17})$

$\quad = 3.36 \times 10^1 = 33.6/\Omega\text{-cm}$

$\rho = 0.028 \, \Omega\text{-cm}$

2-2 캐리어의 移動

반도체내에서 캐리어의 이동은 드리프트(drift)운동이나 擴散(diffusion) 운동중 어느 하나에 기인한다. 드리프트運動이란 電場에 의한 움직임을 말한다. 電場이 인가되지 않은 반도체내의 캐리어들은 그림 2-6 a 와 같이 임의의 방향으로 운동한다. 그러나 일단 전장의 영향을 받게 되면 캐리어는 그림 2-6 b 와 같이 일정방향의 운동성분을 가지게 되며 이런 드리프트成分이 모여 電流를 형성한다. 캐리어는 드리프트운동 외에 擴散운동에 의해서도 이동하는데 확산이란 粒子들이 농도가 높은 곳에서 낮은 곳으로 랜덤(random)하게 이동하는 것을 말한다. 따라서 物質內의 全 전류는 캐리어의 드리프트운동과 확산운동의 合으로 구성된다.

한편 移動캐리어의 확산을 이용하면 실리콘 시편의 형태파악도 가능한데, 高溫영역으로 부터 低溫영역으로 확산해가는 移動캐리어가 電子이면 시편은 n形, 正孔일 때는 p形이라고 판정한다. 예를 들어 그림 2-7 과 같이 실리콘 웨이퍼(wafer)의 한쪽 영역만을 가열하면 熱을 받은 영역으로부터 多數캐리어가 확산됨에 따라 전압이 유기되므로 시편의 傳導度를 측정할 수 있다. 이 때 실리콘 시편이 n形이라면 高溫프로브(hot probe)의 電圧은 2 次側 프로브에 대해 (+)일 것이나 p形이면 (—)일 것이다. 이런 측정기법은 시편 전체를 동일한 불순물로 도핑시킨 모든 경우에 적용가능하다(그러나 웨이퍼 표면에 도핑형태가 다른 物質로 薄膜을 입힌 경우에는 적용할 수 없다).

28 2. 반도체 물리 II

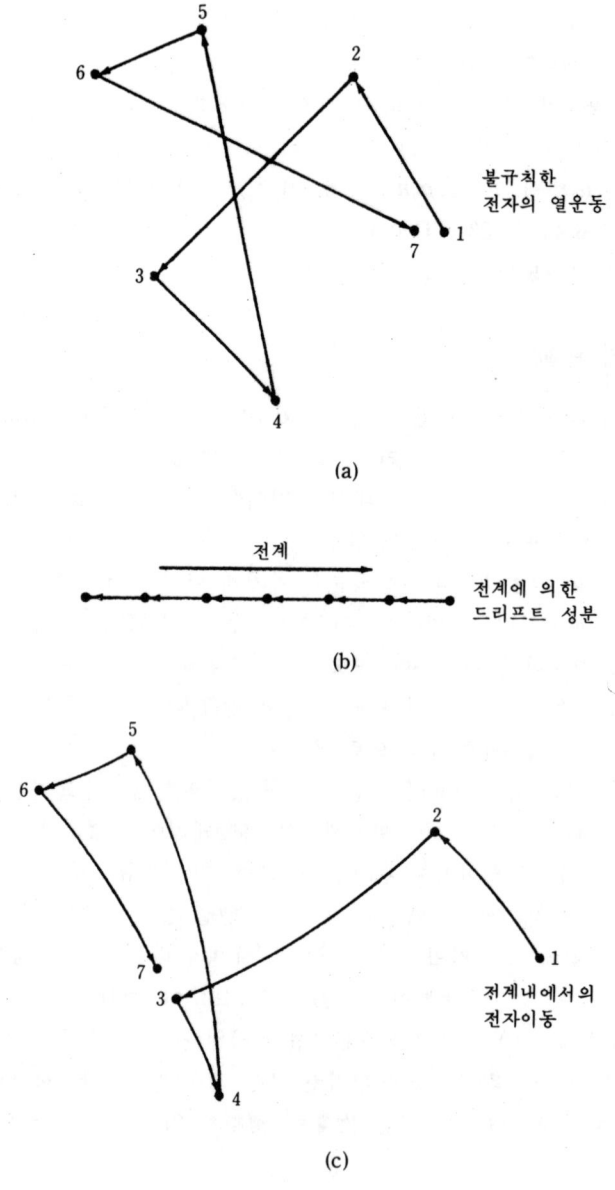

그림 2-6 電場에 의한 드리프트운동

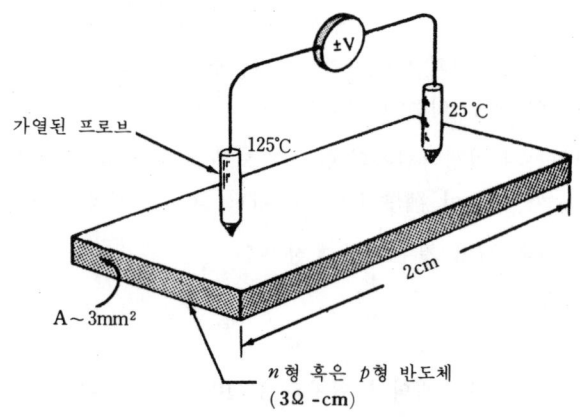

그림 2-7 高溫프로브를 이용한 傳導形 결정

연 습 문 제

1. 실리콘 막대를 단위체적(cm³)당 2×10^{15}개의 As 원자로 도핑시켰을 때의 比抵抗을 구하고 그림 1-7에서 구한 결과와 비교하라.

2. 어떤 실리콘 막대가 단위체적당 1×10^{18}개의 B 원자와 3×10^{18}개의 Sb 원자를 포함할 때 아래 문항에 답하라.
   a. 도우너 및 억셉터원자의 농도를 구하라(N_D, N_A).
   b. 전자와 정공의 농도
   c. 전자와 정공의 이동도
   d. 막대의 比抵抗
   e. $N_D = 3\times10^{18}/cm^3$일 때 그림 1-7에서 구한 결과와 d항에서 구한 答이 다른 이유를 설명하라.

3. 한변이 $1.0\,cm$인 입방체를 단위체적당 1×10^{14}개의 도우너원자로 도핑시켰다고 가정하자. 입방체의 상부 中央에 한변이 $0.5\,cm$인 p形 영역을 확산시켰을 때 p영역의 억셉터농도와 불순물원자의 總數를 구하라 (단 p영역의 比抵抗은 $2.5\,\Omega\text{-cm}$이다).

4. 常溫(27℃)에서 실리콘의 에너지 준위도와 단위체적당 3×10^{17}개의 P 원자와 2.9×10^{17}개의 B 원자가 도핑된 경우의 에너지 준위도를 그려라. 또 불순물이 모두 이온화 되었는지를 밝혀라.

5. 도우너원자와 억셉터원자의 數가 같도록 서로 다른 두가지 불순물이 주입되었을 때 結晶이 補償되었다고 한다. 이 때 結晶은 진성인가?

6. 아래의 식은 어떤 경우에 유효한가?
   a. $np = n_i^2$
   b. $p + N_D = n + N_A$

7. 단위체적당 7×10^{15}개의 B 원자와 3×10^{15}개의 P 원자가 도핑된 실리콘 시편에서 정공과 전자의 농도를 구하라(단 온도는 27℃이다).

3. 웨이퍼 제조 I

반도체소자 제조에 있어 基板으로 주로 사용되고 있는 실리콘은 高純度 單結晶이며 円形薄板이다. 전기소자 제작에 선행하는 웨이퍼 처리과정은 그 자체만으로도 대단히 복잡한 공정이다.

실리콘은 풍부한 자원이기는 하지만 化合物상태로 존재하기 때문에 소자 제조에 사용하기 위해서는 불필요한 원소로 부터 분리해 내야 한다.

어디서나 볼 수 있는 모래는 불순물 함량이 1%미만인 SiO_2로서 실리콘 웨이퍼의 출발원료이다. 아래 절차는 반도체 소자용 고순도 실리콘을 제조하는 과정이다.

1 단계 SiO_2(모래)를 탄소와 혼합, 반응시켜 실리콘(순도 99%)과 이산화탄소를 생성시킨다.

$$SiO_2 + C \longrightarrow Si + CO_2 \uparrow \qquad (3-1)$$

이 반응에서는 실리콘과 氣體狀불순물이 발생한다. 그러나 이러한 실리콘의 순도는 실용되고 있는 실리콘에 비해서는 크게 낮으므로 불순물의 제거를 위해 다시 여러단계를 거쳐야 한다.

2 단계 실리콘과 염산을 반응시켜 $SiHCl_3$를 생성시킨다.

$$Si + 3\,HCl \longrightarrow SiHCl_3 + H_2 \uparrow \qquad (3-2)$$

불순물을 제거한 $SiHCl_3$는 때로 반도체 소자용 화학약제를 만드는데 사용하기도 한다. 보다 높은 순도가 요구될 경우는 $SiHCl_3$를 증류해서 사용한다.

3단계 雰圍氣를 조절한 반응관(Chamber)에서 전류를 이용하여 SiHCl₃를 분해하여 高純度 多結晶 실리콘棒을 제작한다.

$$SiHCl_3 + H_2 \longrightarrow Si + 3\ HCl \qquad (3-3)$$

이로써 多結晶 실리콘의 제조가 완료된다.

3-1 실리콘결정의 성장

單結晶 실리콘의 성장법에는 쵸크랄스키(Czochralski) 結晶成長과 플로트존(float zone) 結晶成長 등의 두가지 방법이 있으며 이들을 각기 CZ 法 및 FZ 法으로 略稱하기도 한다. 쵸크랄스키 결정성장은 多結晶 실리콘 시편을 도가니속에서 다결정 실리콘의 융점인 1415℃까지 가열하는 방법이다. 사용하는 도가니는 석영(SiO_2)으로 제작하며 가열방법은 고주파가열(RF)이나 열저항법을 이용한다. 결정성장시에는 도가니를 회전시켜 온도가 부위에 관계 없이 일정하게 유지되도록 한다. 결정성장기(crystal puller)주위는 용융실리콘의 오염방지를 위해 아르곤가스를 채우기도 한다. 실리콘의 온도가 안정되면 실리콘 시편이 부착된 암(arm)이 천천히 하강하여 용융실리콘의 표면에 닿게 된다. 이 실리콘 시편은 씨결정(seed crystal)이라 하며 차후 보다 큰 결정을 성장시키기 위한 출발원료이다. 씨결정의 아랫부분이 용융실리콘 속에서 녹기 시작하면 실리콘을 지지하는 로드(rod)의 하강운동이 상향운동으로 바뀐다. 이 때 씨결정을 용융실리콘으로 부터 천천히 끄집어 내면 씨결정에 붙은 용융실리콘이 응고되면서 씨결정과 동일한 결정구조를 가지게 된다. 한편 로드는 상향운동을 계속하여 보다 큰 결정을 성장시키는데 결정성장은 도가니속의 실리콘이 완전히 없어질 때 까지 계속된다. 이런 과정에서 도가니와 로드의 회전속도와 도가니의 온도를 적절히 조절하면 均一한 직경의 단결정을 얻을 수 있다. 불순물의 농도는 결정성장에 앞서 실리콘의 도핑농도를 높여주므로서 조절할 수 있다.

플로트존 결정성장법은 미리 준비한 다결정 실리콘棒을 이용하는 방법이다. 일정직경의 실리콘棒을 결정성장기내에 넣고 실리콘棒의 上端은 결정성장기 윗쪽에, 下端은 하부에 고정되어 있는 씨결정에 닿게 한다. 실리콘棒을 封入한 반응관 주위를 유도가열 코일로 감고 반응관내의 분위기를 조절한다. 코일에서 발생하는 熱로 인해 실리콘棒이 씨결정부분으로 부터 棒

3-1 실리콘 결정의 성장 **33**

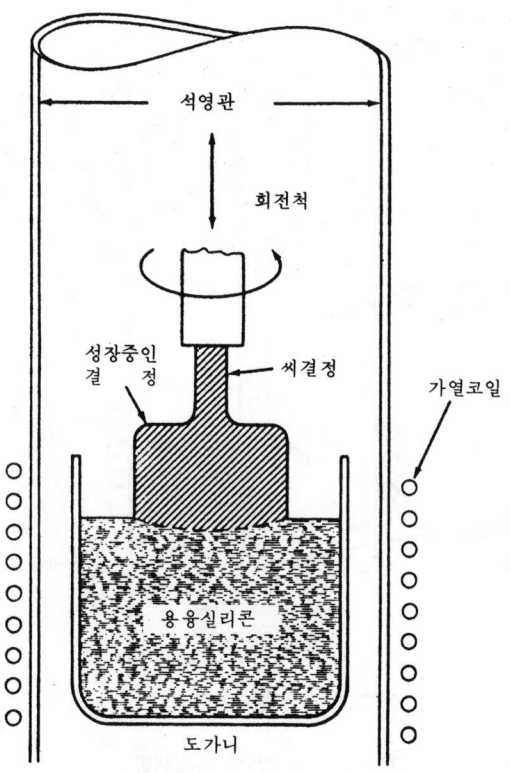

그림 3-1 쵸크랄스키 결정성장

의 길이 방향으로 용융하기 시작하면 코일이 윗쪽으로 이동하면서 용융부분도 실리콘棒의 길이 방향으로 上向 移動한다. 한편 먼저 용융된 부분은 씨결정과 접촉된 곳 부터 응고하기 시작하여 씨결정과 동일한 결정구조를 갖게 된다. 이와 함께 용융부분이 실리콘棒의 길이 방향으로 이동함에 따라 다결정 실리콘棒 역시 용융되어 응고후에는 단결정 실리콘棒으로 된다. 플로트존 성장법에서 실리콘棒의 직경은 가열코일의 이동속도를 제어함으로서 조절하며 불순물농도는 다결정 실리콘봉을 적절히 도핑하므로서 조절할 수 있다.

웨이퍼란 쵸크랄스키 성장법이나 플로트존 성장법으로 성장시킨 단결정 실리콘棒을 얇게 절단한 것을 말한다.

34 3. 웨이퍼 제조 I

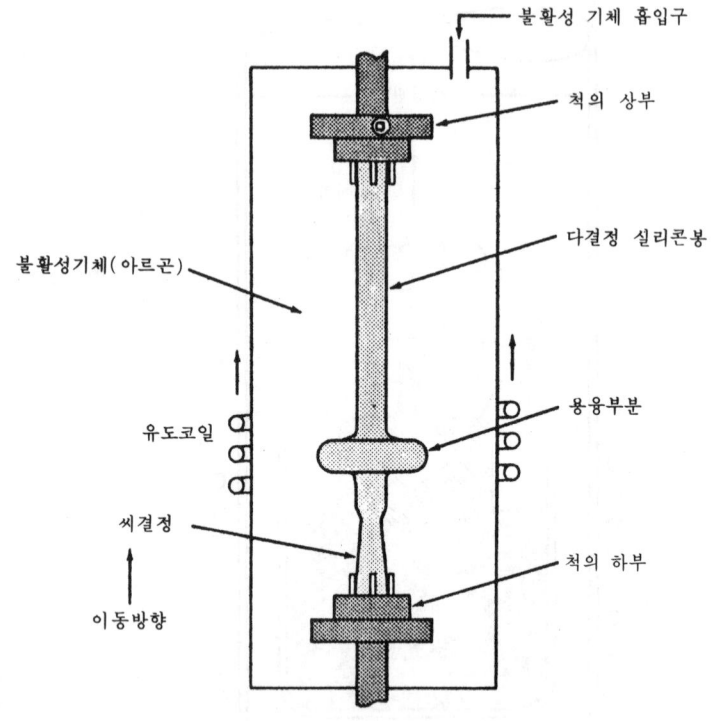

그림 3-2 플로트존 결정성장

3-2 웨이퍼의 결정방향, 절단 및 연마

최초의 실리콘 단결정을 필요에 따라 원형으로 연마하는 수가 있으며 따라서 결정의 회전방향을 확인해야 한다. 웨이퍼표면이 어떤 結晶面을 갖는가는 씨결정이 좌우하지만 결정의 나머지 軸은 실리콘봉의 회전위치에 의해 결정된다. 실리콘棒은 단결정이므로 劈開面(cleavage plane 혹은 preferential break)을 가지며 素子分離時에는 모든 회로를 劈開面에 대해 배열해야 하므로 대단히 중요하다. 劈開面에 대한 배열이란 절단에 앞서 실리콘棒의 표면을 차후의 공정에서 기준이 되는 결정방향을 따라 평탄하게 하는 연삭작업(grinding)을 말한다. X 線回折은 결정방향을 알 수 있는 가장 빠르고 정확한 방법이다.

이런 실리콘 단결정을 얇게 절단한 것을 웨이퍼라고 한다. 절단시에는 消失되는 단결정 실리콘의 양이 최소가 되도록 주의해야 한다. 이를 위해 環狀톱날의 안쪽부분을 이용하여 절단하며 절단용 톱날 표면엔 다이아몬드 粉末이 코팅되어 있다. 한편 절단후에는, 부식제를 이용하여 절단시에 생긴 톱날자욱과 기타 손상을 깨끗이 제거해야 한다.

절단에 기인한 결정결함은 소자제작에 치명적인 영향을 주므로 극도의 주의를 기울여야 한다. 절단된 웨이퍼는 왁스를 이용하거나 진공상태에서 원형연마판에 붙인 다음 연마기로 한쪽 면을 거울처럼 연마한다. 연마는 연마액을 이용한 화학적 연마와 기계적 연마를 동시에 행한다. 연마패드(pad)는 내구성이 우수한 것을 사용한다. 웨이퍼의 두께와 표면상태가 적당한 상태에 도달하면 웨이퍼를 들어낸다. 연마후에는 웨이퍼를 철저히 세척한 다음 표면의 결정유무를 검사하고 최종검사에 합격한 웨이퍼만을 사용한다.

연 습 문 제

1. 화학반응후의 생성물이 고체+기체 혹은 액체+기체상태가 되도록 하는 것이 바람직한 이유를 말하라.
2. 쵸크랄스키 성장법에 의해 성장시킨 실리콘에는 존재하지만 플로트존법에 의해 성장시킨 실리콘에는 존재하지 않을 수 있는 불순물의 종류를 말하고 그 이유를 설명하라.
3. 실리콘과 SiO_2중 어느 것의 융점이 더 높은가? 그 이유는 무엇인가?
4. a. 웨이퍼의 결정방향이 중요한 이유를 밝혀라.
   b. 결정방향은 어떤 방법으로 알 수 있는가?
5. 다결정 실리콘이란?
6. 결정성장시에 아르곤가스를 사용하는 이유는?
7. 결정성장시 씨결정을 사용하는 이유를 밝혀라.
8. 실리콘棒의 직경에 영향을 미치는 두가지 변수를 말하라.

4. 웨이퍼 제조 II

4-1 結晶方向

실리콘의 결정방향은 소자제작 과정에 있어 대단히 중요한 변수의 하나이며 결정방향을 나타내는 방법으로서는 Miller 지수법이 있다. 실리콘面의 Miller 지수는 그림 4-1과 같이 그 面이 x, y 및 z 軸과 교차하는 點에 의해 결정되며 산출방법은 式(4-1)~(4-3)과 같다.

$$x \text{ 지수} = \frac{1}{x \text{ 축과의 교점}} \qquad (4\text{-}1)$$

$$y \text{ 지수} = \frac{1}{y \text{ 축과의 교점}} \qquad (4\text{-}2)$$

$$z \text{ 지수} = \frac{1}{z \text{ 축과의 교점}} \qquad (4\text{-}3)$$

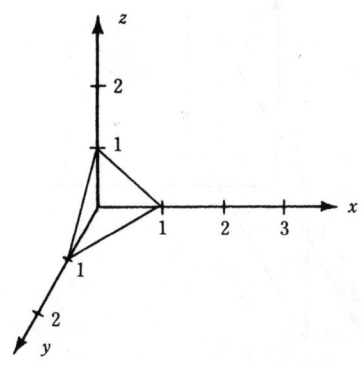

그림 4-1 結晶軸

그림 4-1에 나타낸 面의 Miller 지수는 x, y 및 z 축과의 교점이 모두 1 이므로

x 지수 = 1/1 = 1
y 지수 = 1/1 = 1
z 지수 = 1/1 = 1

이 된다. 이런 面을 우리는 <111>이라고 表記하며 이 面과 平行한 모든 面 역시 <111>面이라 한다.

세개의 軸중 어느 한軸만을 교차하고 나머지 軸과는 교차하지 않는 面의 Miller지수를 구해 보기로 하자. 그림 4-2의 面은 x축과는 $x=1$에서 교차하나 나머지 두 축과는 교차하지 않는다. 이러한 경우의 Miller 지수는 아래식과 같이 되고 <100> 면이라고 부른다.

$$x \text{ 지수} = \frac{1}{x \text{ 축과의 교점}} = \frac{1}{1} = 1$$

$$y \text{ 지수} = \frac{1}{y \text{ 축과의 교점}} = \frac{1}{\infty} = 0$$

$$z \text{ 지수} = \frac{1}{z \text{ 축과의 교점}} = \frac{1}{\infty} = 0$$

(수학적 해석상 어떤 面이 임의의 軸과 교차하지 않는다는 것은 곧 無限大에서 교차한다는 것을 의미한다.)

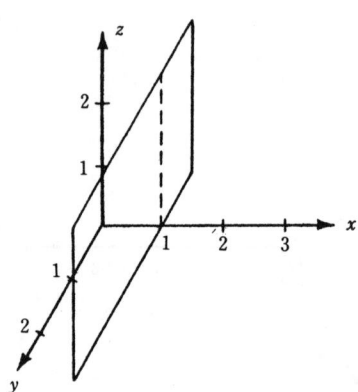

그림 4-2 <100> 결정면

대부분의 반도체소자 제작에 있어서는 결정방향이 <111> 혹은 <100>인 실리콘을 사용하며 이 두 결정방향으로 거의 모든 요구조건을 만족할 수 있기 때문에 다른 결정방향은 거의 사용하지 않는다.

4-2 結晶成長時의 도핑

플로트존法이나 쵸크랄스키法에 의해 성장시킨 결정의 도핑농도는 도핑물질의 종류와 濃度에 따라 결정된다. 固體의 도핑농도와 液體의 도핑농도 간의 比를 분포상수(distribution coefficient)라 하며 k 로 표시한다.

$$k = \frac{C_s}{C_l} = \frac{固相의\ 도핑농도}{液相의\ 도핑농도} \tag{4-4}$$

표 4-1은 여러가지 도핑물질의 분포상수 k 를 나타낸 것이다.

쵸크랄스키 결정성장의 경우 結晶이 서서히 응고함에 따라 용융상태의 도핑농도는 계속 증가하는데 이는 고체와 액체의 도핑농도比가 1보다 작기 때문이다.

표 4-1 실리콘용 도핑원소의 분포상수

도핑원소	분포상수	도판트 형태
Phosphorus (P)	.32	n-type
Arsenic (As)	.27	n-type
Antimony (Sb)	.02	n-type
Boron (B)	.72	p-type
Aluminum (Al)	1.8×10^{-3}	p-type
Gallium (Ga)	9.2×10^{-3}	p-type
Indium (In)	3.6×10^{-4}	p-type

40 4. 웨이퍼 제조 II

그림 4-3은 도핑농도를 $k=0.04$일 때의 결정거리 函數로 나타낸 것이다.

플로트존法에 의해 성장된 실리콘의 경우도 약간의 차이는 있지만 용융부분이 결정의 한쪽 끝에서 다른쪽으로 진전됨에 따라 불순물농도는 낮아지고 쵸크랄스키法의 경우와 유사한 분포를 나타낸다.

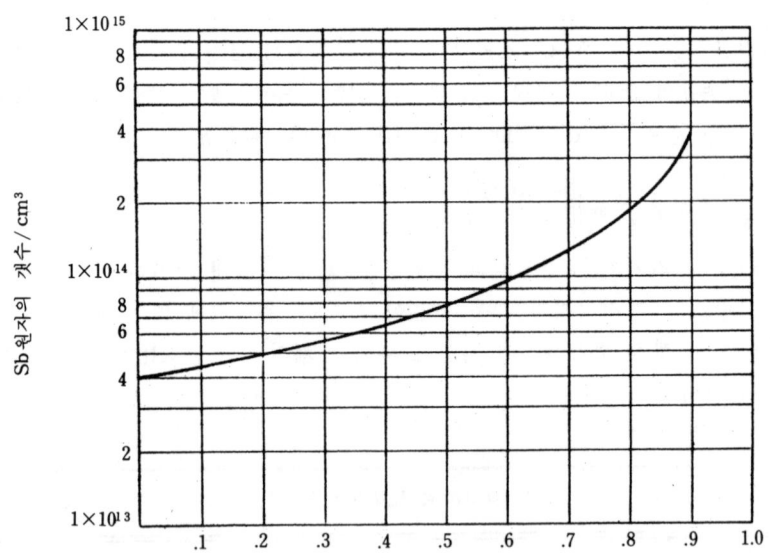

그림 4-3 최초도핑농도가 10^{15}개/cm³인 경우 CZ 결정과 도핑농도와의 관계($k=0.4$)

4-3 結晶缺陷(crystal defect)

실리콘을 비롯한 많은 반도체의 結晶塊(grown ingot)에는 여러가지 결정결함이 있으며 이들은 웨이퍼 제조공정 및 소자제작시 치명적인 결과를 초래할 수 있다.

결정결함의 대표적인 예로는 2가지를 들 수 있다.

1. 結晶轉位(crystal dislocation) : 不均一한 가열이나 냉각 혹은 기타 처리과정에서 야기되는 塑性變形(plastic deformation)등의 국부적인 결함

2. 平面슬립(planar slip) : 可視 소성변형의 일종으로 결정막대의 절단면
   에 생긴 결함

이들을 포함한 대부분의 결정결함은 선별부식(preferential etch)에 의해 제거할 수 있다. 한편 결함경계면(defect boundary)에 선별부식을 행하면 결함의 범위 및 성질을 파악할 수 있다.

플로트존法이나 쵸크랄스키法에 의해 성장된 실리콘에서는 결정결함이 근본적으로 제거되기는 하나 이후의 공정에서 불가피하게 결함이 생길 수 있으므로 대단히 중요한 의미를 갖는다. 결정전위 슬립 및 기타 결함은 고온처리과정중 부적절한 가열 혹은 냉각이 주원인이 된다.

연 습 문 제

1. $x=1/2$, $y=1$ 및 $z=\infty$를 지나는 面의 Miller 지수를 구하고 xyz 좌표상에 圖示하라.
2. 그림 4-3과 같이 도핑농도곡선이 평탄할 때의 k값은?
3. 표 4-1에 나타낸 p형 도핑원자중 결정성장시 가장 평탄한 불순물농도 곡선을 나타내는 것은 어떤 원자인가?
4. 실리콘 웨이퍼제조의 가장 널리 이용되는 두가지 결정방향은?
5. 실리콘 結晶塊에서 절단한 웨이퍼에 존재하는 두가지 결정결함을 들어라.

5. 에피택샬 증착 I

5-1 서 론

　에피택샬 증착은 기판위에 단결정층을 성장시킨 다음 증착층이 기판과 동일한 결정구조가 되도록 하는 증착법이다. (때에 따라서는 기판과 동일한 물질을 증착시키는 경우도 있다.) 반도체 공정에서 에피택샬 증착을 이용하는 例로는 發光다이오드 제작을 들 수 있다. 일반적으로 發光에 적합한 물질 및 도핑농도를 얻기 위해서는 에피택샬 기법을 高溫확산과 동시에 적용한다. 한편 실리콘을 사용한 바이폴라 集積回路나 離散素子(discrete device)의 제작에도 에피택샬 증착이 널리 이용되고 있다. 다이오드나 트랜지스터 제작시에 에피택샬 증착을 이용하면 항복전압이 높거나 스위칭 속도가 빠른 소자 혹은 고전류 소자 제작도 가능하다. 다이오드 제작시 도핑농도가 높은 실리콘 기판을 출발원료로 사용하면 電流저항은 감소하지만 낮은 전압에서 逆接合降服(reverse junction breakdown)이 일어나게 되므로 실제로는 導電形態가 기판과 동일하면서 도핑농도가 낮은 실리콘 에피택샬층을 기판위에 증착한다. 그림 5-1 은 이와 같은 방법으로 제조한 다이오드의 단면도이다.

　트랜지스터 역시 이와 유사한 방법으로 제조가 가능한데 이때는 도핑농도가 낮은 콜렉터 영역을 에피택샬층으로 하여 베이스와 에미터內에서 확산시킨다. (그림 5-2 참조) 한편 에피택샬층을 트랜지스터의 베이스로 하여 고온확산법에 의해 에미터를 추가하는 경우에는 에피택샬층의 導電形態가 기판과 반대일 수도 있다. 그림 5-2 b 는 이와 같은 방법으로 제작한 트랜지스터의 단면도이다.

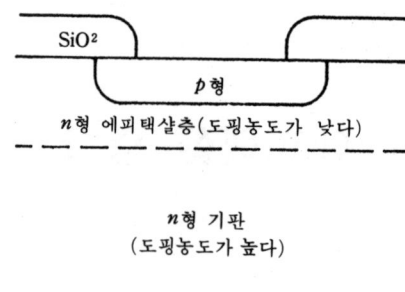

그림 5-1 에피택샬 실리콘을 이용한 다이오드의 단면

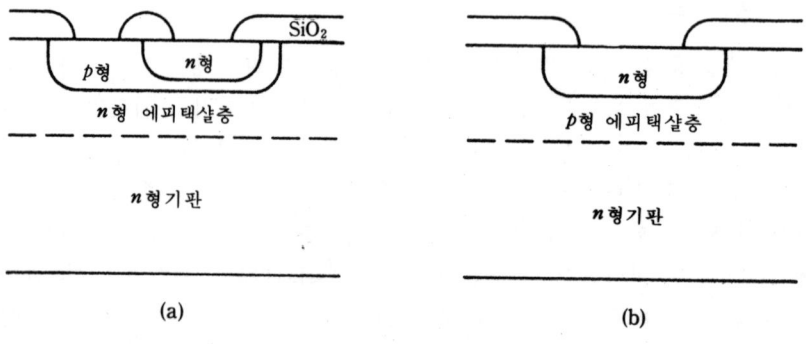

그림 5-2 에피택샬 실리콘을 이용한 트랜지스터의 단면

바이폴라 집적회로는 도핑농도가 낮은 실리콘기판 위에 기판과는 導電形態가 반대이며 도핑농도가 낮은 에피택샬층을 증착시켜 제작한다. (대부분의 경우, 素子의 活性영역에서 低抵抗通路를 만들기 위해 에피택샬 증착에 앞서 에피택샬층에서 사용한 것과 같은 형태의 고농도 불순물을 기판영역으로 확산시킨다.) 따라서 기판은 집적회로 동작시에 인접한 소자를 전기적으로 격리시키는 역할을 하게 된다. 그림 5-3은 바이폴라 집적회로 內部에 형성된 트랜지스터의 단면을 나타낸 것이다.

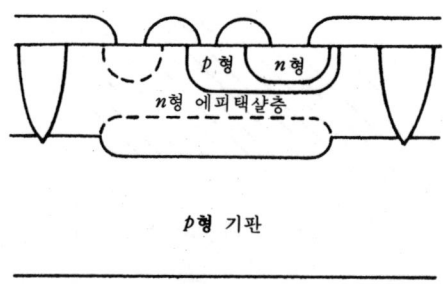

그림 5-3 바이폴라 집적회로의 단면

5-2 이 론

서 론

에피택샬 증착을 하기 위해서는 우선 두가지 조건이 만족되어야 한다. 첫째, 증착된 원자가 자신의 잉여에너지를 상실하므로서 기존 결정구조의 一部가 될 수 있는 자리가 있어야 한다. 이러한 자리를 核生成位置(nucleation site)라고 하는데 이들은 박막성장을 시작할 때의 성장속도 및 정상상태하의 박막성장률에 지대한 영향을 미친다. 둘째, 증착된 원자가 기판에 도달하여 安定할 수 있는 格子位置를 찾아야 한다는 것이다. 설명을 쉽게 하기 위하여 두가지 조건을 분리했지만 실제로는 원자의 기판 표면에의 도달과 핵생성위치의 유무는 따로 생각할 수 없다. (실리콘의 에피택샬 증착에 대해서는 5장의 나머지 부분 및 6장에서 논하기로 한다.)

核生成位置의 형성

핵생성위치는 기판을 에피택샬 반응로내에 넣기 前에도 형성될 수 있으며 넣은 후에도 가능하다. 어느 경우든 핵생성위치의 형성이 어느만큼 잘 이루어졌느냐는 기판의 결정방향과 밀접한 관계가 있다. 실리콘의 에피택샬 성장시에는 대부분 기판을 長軸(major axis)에서 3°∼7°정도 벗어나게 하는데 이는 결정의 연속층 가장자리를 노출시켜 핵생성위치의 형성을 용이하게 하기 위한 것이다. 그림 5-4는 기판의 결정방향이 長軸에서 3°∼7° 벗어나므로서 노출된 결정의 연속층을 나타낸 것이다. 그림 5-5는 기판의 결정방향이 실리콘의 증착률에 미치는 영향을 나타낸 것이다.

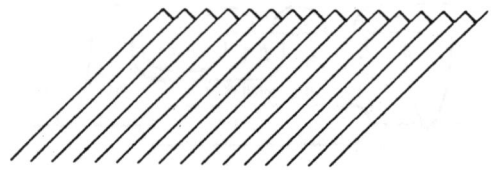

그림 5-4 기판의 결정방향이 핵생성위치의 노출에 미치는 영향

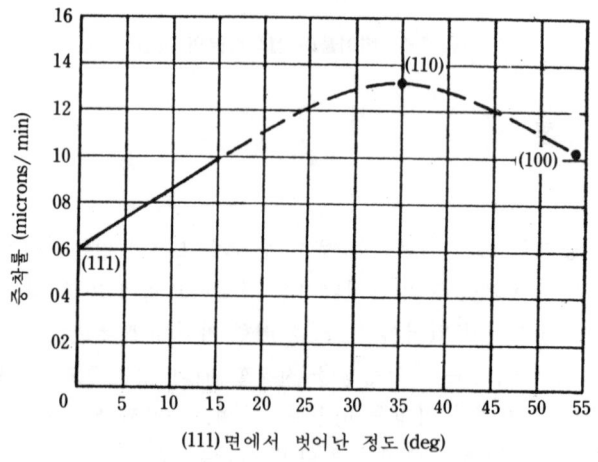

그림 5-5 기판의 결정방향과 증착률의 관계

　에피택샬 반응로내에 기판을 넣기에 앞서 핵생성위치를 증가시키기 위해 기판을 부식(etching)시키는데 이때는 반드시 실리콘 부식제를 사용해야 한다. 이러한 목적으로 널리 사용되는 부식제로는 염산과 질산의 혼합물이 있다. 그러나 핵생성위치를 얻기 위해 가장 널리 사용하는 방법은 에피택샬 증착 직전에 HCl 가스를 주입하는 것이다. HCl은 기판 표면의 실리콘층을 부식시켜 웨이퍼 표면에 나타날 수 있는 모든 결정결함을 제거한다. 그림 5-6은 실리콘의 부식률을 HCl 농도의 함수로 표시한 것이다. 그림에서 보는 바와 같이 H_2중의 HCl 농도가 1~4%일 때 실리콘의 부식률은 거의 직선을 나타내는데 이러한 이유로 HCl 농도가 1-4%인 것이 부식제로 사용되고 있다. 그러나 HCl 농도가 지나치게 높으면 기판 표면에 얽은 자욱(pitted substrate surface)이 나타나므로 주의해야 한다. 그림 5-7은 各 온도에 따

른 수소중의 HCl 농도 허용치를 나타낸 것이다. 실제 증착시에는 증착에 앞서 기판을 0.25~1.0 μm 두께로 제거하는 것이 바람직하다.

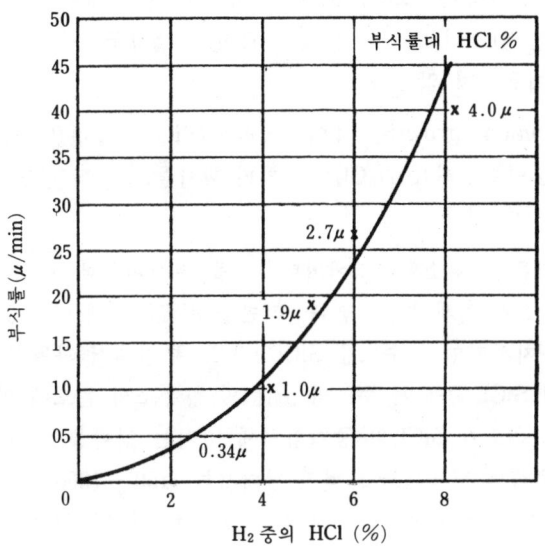

그림 5-6 수평반응로(horizontal reactor) 내의 수소中 HCl 농도와 부식률의 관계

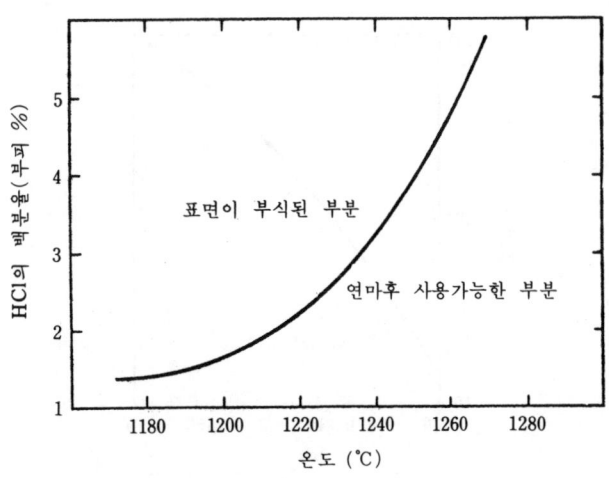

그림 5-7 온도에 따른 수소中의 HCl 허용치

증 착

진공증착(vacuum deposition) : 적당한 조건하에서는 스퍼터링(sputtering)이나 증발증착(evaporation technique)에 의해서도 에피택샬 실리콘을 얻을 수는 있으나 증착률이 낮고 良質의 결정구조를 얻기가 힘들기 때문에 별로 이용되지 않는다.

증발성장(vapor growth) : 4 염화실리콘($SiCl_4$) 실란(SiH_4), 3 염화실란($SiHCl_3$), 2 염화실란(SiH_2Cl_2) 및 기타 화합물로 부터 양질의 에피택샬 실리콘을 얻을 수 있다.

4 염화실리콘의 수소환원 : 에피택샬층을 형성하는데 필요한 純度의 4 염화실리콘을 얻기 위해서는 4 염화실리콘을 恒溫槽內에 넣고 0℃부근에서 액체상태로 유지시키면서 수소를 $SiCl_4$안으로 주입해서 환원시키면 된다. 이 때 수소중의 $SiCl_4$ 농도는 수소의 流速 및 항온조의 온도에 의해 좌우된다. 그림 5-8 은 온도가 $SiCl_4$의 증기압력에 미치는 영향을 나타낸 것이다.

$SiCl_4$로 良質의 單結晶層을 얻기 위해서는 1150°~1300° 정도의 비교적 높은 증착온도가 요구되는데 이 때 이미 도핑된 영역이 확산될 우려가 있으므로 유의해야 한다.

에피택샬 성장이 일어나는 반응은 (5-1)식과 같다.

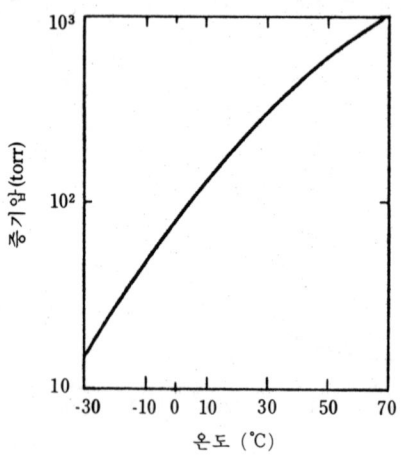

그림 5-8 온도와 $SiCl_4$ 증기압간의 관계

$$SiCl_4(기체) + 2H_2(기체) \longrightarrow Si(고체) + 4HCl(기체) \quad (5-1)$$

그런데 이 반응에서 $SiCl_4$가 지나치게 많으면 競爭反應 (5-2)식과 같이 기판의 실리콘이 제거되는 현상이 일어난다.

$$Si(고체) + SiCl_4(기체) \longrightarrow 2SiCl_2(기체) \quad (5-2)$$

그림 5-9는 두 반응의 결과를 나타낸 것이다.

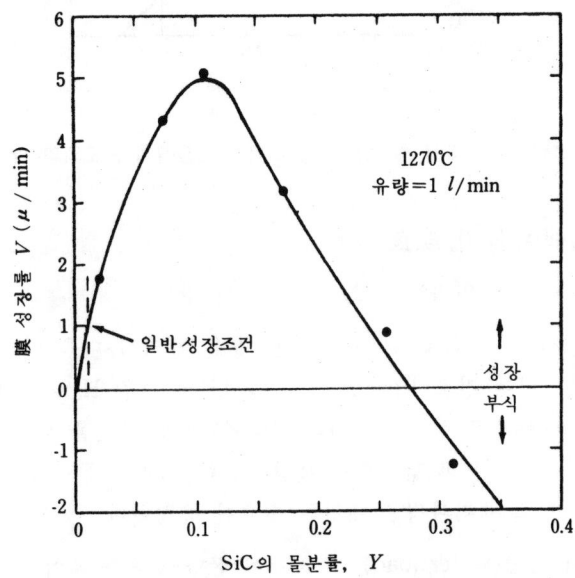

그림 5-9 $SiCl_4$의 몰분율과 실리콘의 성장율

실란의 **熱分解** : 실란은 공기중에서 자연 **發火**하는 기체이므로 보통 수소로 희석하여 탱크내에 저장한다. 실란이나 실란과 수소의 혼합물을 반응로에 주입하면 (5-3)식의 반응이 일어난다.

$$SiH_4(기체) \longrightarrow Si(고체) + 2H_2(기체) \quad (5-3)$$

그림 5-10은 (5-3)식의 반응에서 성장률을 온도의 함수로 나타낸 것이다. 실란을 이용한 에피택샬 실리콘의 증착은 1000°~1100°C에서 실시한다. 따라서·높은 증착온도가 요구되는 $SiCl_4$증착시에 비해 먼저 고농도로 도핑된 영역이 확산되는 것을 막을 수 있다.

50 5. 에피택샬 증착 I

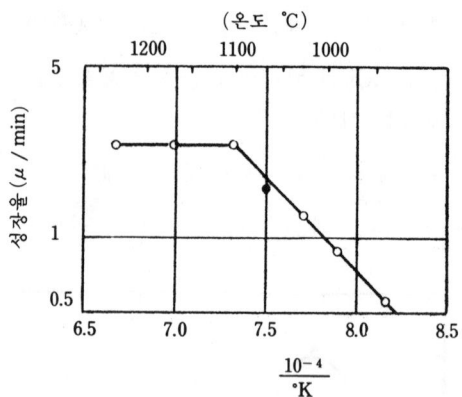

그림 5-10 SiH₄를 이용한 실리콘의 성장률과 온도와의 관계

5-3 에피택샬층의 成長

에피택샬 공정의 일반적인 순서는 다음과 같다.

1. **기판세척** : 溶劑로 기판의 지방성분을 제거한 다음 여러 종류의 酸으로 세척하여 건조시킨다. (보통 酸세척의 경우 H_2SO_4, $HNO_3 : HCl$ 및 HF 의 順으로 행하며 기판의 지방제거시엔 기판을 직접 문지르는 경우도 있다.) 기판에 남아있는 殘留粒子는 증착층에 결함을 유발시킬 수 있으므로 세척과정은 대단히 중요한 공정이다.

2. **웨이퍼 장진(wafer load)** : 세척이 끝난 후에는 웨이퍼의 前面이 오염되지 않도록 웨이퍼 뒷면에 진공완드(vaccum wands)를 부착하는 것이 좋으며 세척된 기판에 깨끗한 공기가 공급되도록 라미나 후드(Lamina Flow Hood)를 사용하는 것이 바람직 하다. 한편 기판을 웨이퍼 지지대(wafer holder)나 서셉터(succeptor)로 옮길 때에도 서셉터의 입자에 의해 기판 前面이 오염되지 않도록 주의해야 한다.

3. **가열** : 에피택샬 시스템이 일단 封入되면 시스템 내부의 잔류기체를 질소기체로 청정시킨 다음 반응로의 가열장치를 동작시킨다. 이때 시스템내의 기체로는 약 500℃까지는 질소를 사용하며 온도가 더 높아져서 질소가 실리콘을 부식시킬 정도에 이르면 질소기체 대신 수소 기체를 사용한다.

4. **염산부식** : 가열과정이 끝나고 光高温計(optical pyrometer)나 기타 방법에 의해 온도를 확인한 다음에는 염산을 사용하여 웨이퍼 표면의 손상된 실리콘층을 제거한다. 이때 제거하는 실리콘의 양을 적절히 조절하여 소자에 악영향을 미치는 일이 없도록 해야 한다.

5. **증착** : 증착과정은 원하는 두께 및 比抵抗을 가진 에피택샬층을 성장시키는 공정이다. 증착두께는 모든 과정에서 생긴 미세한 차이에 기

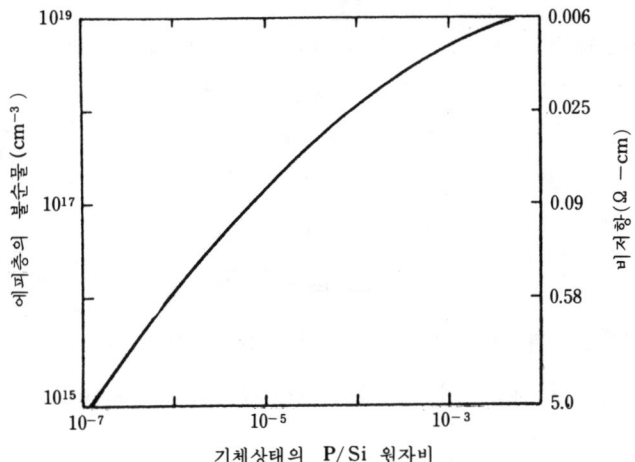

그림 5-11 기체상태의 포스핀(phosphine)과 에피택샬층의 인(P)과의 관계

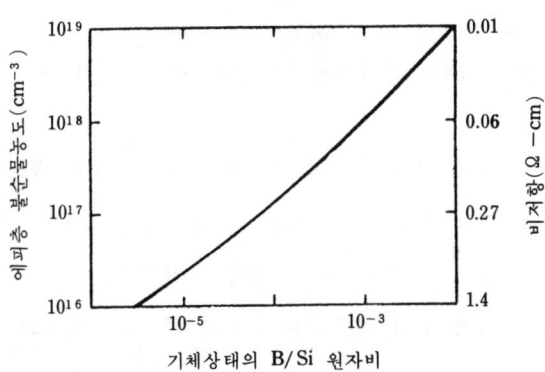

그림 5-12 기체상태의 디보란(diborane)과 에피택샬층의 붕소(B)와의 관계

인하는 오차를 최소로 하는 성장조건을 이용하므로써 조절이 가능하다. 도핑농도는 主氣體에 저농도 불순물 기체를 추가함으 로서 조절할 수 있다. 그림 5-11 과 5-12 는 P 와 B 원자에 대한 에피택샬층의 도핑농도를 나타낸 것이다.

6. **냉각** : 成長이 완료되면 수소기체를 반응로 내부에 흘리면서 온도를 낮춘다. 온도가 500℃ 근방에 이르면 수소기체를 질소기체로 교체한다.

7. **웨이퍼의 인출** : 실리콘 웨이퍼를 들어낼 때에도 웨이퍼를 넣을때와 마찬가지로 세심한 주의를 기울여야 한다. 웨이퍼 표면의 오염방지를 위해서는 웨이퍼를 인출한 즉시 산화시키는 것이 가장 좋은 방법이다.

연 습 문 제

1. 에피택샬층과 기판은 반드시 동일한 물질이어야 한는가?
2. 그림 5-5 를 사용하여 증착률이 가장 높아지는 각도(misalignment angle)를 구하라.
3. 1250℃의 온도에서 기판 표면에 얽은 자욱이 나타나지 않는 HCl의 최대 농도는?
4. a. 성장률을 최대로 하는 $SiCl_4$의 몰분률은?
   b. a의 조건하에서 에피택샬 실리콘을 성장시키지 않는 이유를 설명하라.
5. 에피택샬 증착에 앞서 만족되어야 할 2 가지 조건은 무엇인가?
6. 실리콘 웨이퍼에서 핵생성위치의 형성방법을 설명하라.
7. 진공 에피택샬 증착의 두가지 단점을 열거하라.
8. 산업적으로 가장 널리 이용되는 두가지 에피택샬기법의 반응식을 들고 간략히 설명하라.
9. 실란을 사용하여 1050℃에서 5 분간 증착했을 때 에피택샬층의 두께는?

6. 에피택샬 증착 II

6-1 서 론

 에피택샬 증착에 사용되는 모든 장비는 엄격한 규격을 만족해야 한다. 예를 들어 실리콘이 기체상태로 기판 표면에 증착되기 때문에 反應槽(reaction chamber)는 넓은 온도범위에서도 누설되어서는 안된다. 이러한 조건을 만족시키기 위해 석영반응조를 사용하며 반응로내로 유입되는 기체의 순환도 항시 감시, 통제해야 한다. 반응로내에서 웨이퍼는 서셉터라 불리는 지지대 위에 놓이는데 서셉터는 웨이퍼 지지 외에도 고주파발진기로 반응로를 가열시에 局部的인 熱源(local source of heat)의 역할도 한다. 즉, 고주파로 반응로를 가열하면 서셉터에 電磁氣場이 유도된다. 서셉터는 흑연(탄소)의 외부 표면에 실리콘 카바이트를 얇게 입힌 것으로, 실리콘 카바이트는 웨이퍼가 탄소에 의해 오염되는 것을 방지하며 웨이퍼는 서셉터와의 접촉에 의해 가열된다. 에피택샬 공정에서는 반응로내에서 가장 온도가 높은 웨이퍼 전면과 서셉터에서 증착이 가장 빨리 진행되면 冷却槽(cooler chamber)壁면의 증착은 대단히 느린 속도로 진행된다.
 에피택샬 증착시에 웨이퍼를 가열하는 또 다른 방법은 자외선 에너지를 이용하는 것이다. 즉, 자외선 복사량이 많은 특수전구를 이용하여 투명한 석영窓을 통과한 전구의 빛으로 기판을 가열하는 방법인데 자외선 복사에너지가 웨이퍼와 서셉터를 직접 가열하게 된다. 온도는 온도센서와 온도조절기를 사용하여 일정하게 유지한다.
 최근, 공업적으로 이용되고 있는 에피택샬 반응로에는 다음과 같은 3가지 유형이 있다.

54 6. 에피택샬 증착 II

1. 수직형 (그림 6-1)
2. 수평형 (그림 6-2)
3. 배럴(barrel) 혹은 원통형 (그림 6-3)

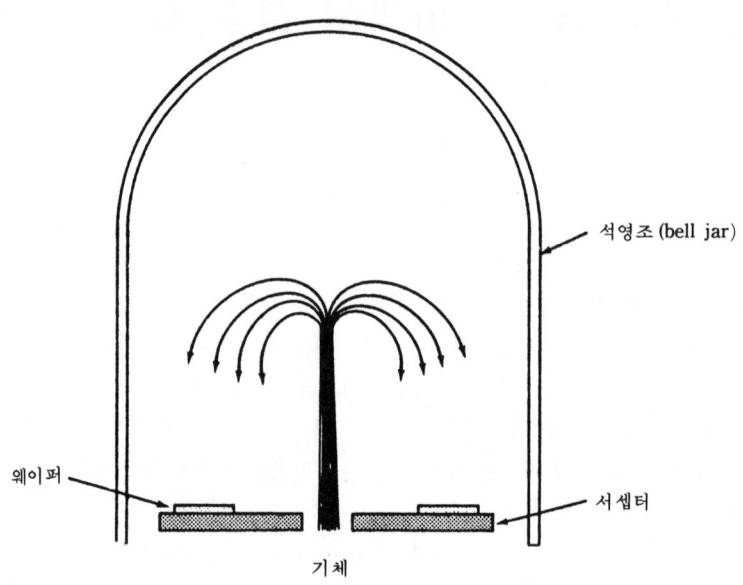

그림 6-1 수직형 에피택샬 반응로

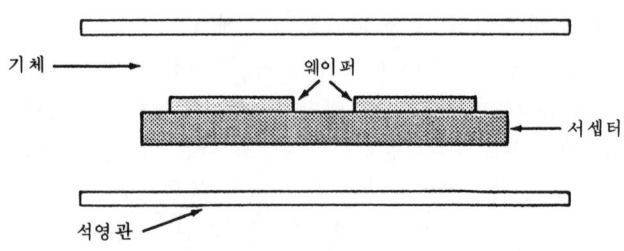

그림 6-2 수평형 에피택샬 반응로

6-1 서 론 **55**

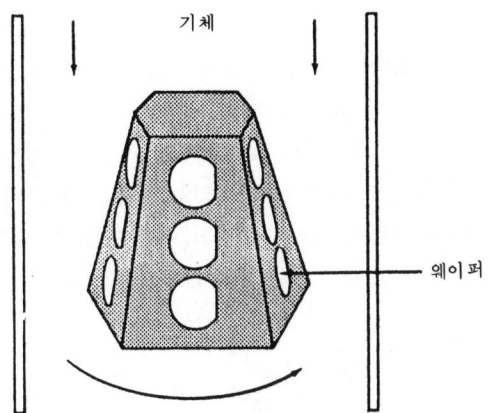

그림 6-3 배럴형 혹은 원통형 반응로

　수직형 에피택샬 증착기는 아래쪽에서 유입된 기체가 반응로내에서 소용돌이치면서 서셉터 표면에서 반응을 일으킨다. 이 때 서셉터 역시 회전하여 서셉터의 온도를 일정하게 유지하면서 반응로내의 기체분포를 고르게 하는데 도움을 주도록 되어 있다
　수평형은 기체가 반응로의 한쪽 끝에서 유입하여 반대쪽 끝에서 소모되는 형태로 온도분포가 적정한 상태를 유지하도록 주의해야 한다. 서셉터는 數度 기울어져 있는 경우도 있는데 이는 사용되지 않는 기체가 서셉터의 각 부분에 닿도록 하기 위함이다. (그림 6-2 참조)

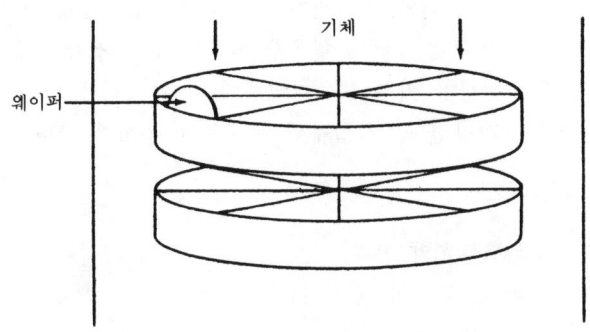

그림 6-4 회전캐로우젤의 층(tier)을 통과하는 기체

배럴형은 수평로와 수직로의 특징을 합한 형태이다. 배럴형에서는 웨이퍼를 회전서셉터의 各面에 붙이도록 되어 있는데 회전서셉터의 한면은 수평시스템의 단일 서셉터와 同一한 작용을 한다. 이 시스템의 주요 장점은 동시에 많은 웨이퍼에 에피택시(epitaxi)를 증착할 수 있다는 것이다.

이 외에도 캐로우절(carousel)이다 불리는 반응로가 있기는 하나 실용화 단계에 이르기 위해선 아직도 많은 개선의 여지가 있으며 명칭은 회전목마와 같은 웨이퍼 지지기를 사용하는데서 유래된 것이다.

6-2 에피택샬층의 평가

에피택샬 증착시에 중요한 3가지 변수는
1. 증착층의 두께 및 두께변화
2. 요구되는 불순물의 농도 및 농도변화
3. 증착층내의 결정결함의 밀도와 분포

에피택샬층이 소기의 기능을 발휘하기 위해서는 이 3가지 변수의 값이 특정 한계치를 만족해야 한다.

에피택샬층의 두께를 측정하는 방법에는 여러가지가 있으나 이중 3가지만을 계략적으로 설명하기로 한다.

1. 앵글 랩 및 착색(angle lap and stain 혹은 groove and stain)

기판과는 導電형태가 다른 에피택샬층을 기판에 입힌 다음 에피층의 경계를 따라 홈을 파거나 연마한다. 노출된 접합부에 착색용액(stain solution)을 발라 p 혹은 n面中 한쪽을 어둡게 하면 접합부의 윤곽이 들어난다. 이 面에 단색광을 비추어 유리덮개에 나타나는 간섭무늬를 이용하여 접합부의 두께를 계산한다. 접합부의 두께는 다음식과 같다.

$$d = \frac{n\lambda}{2}$$

단, λ = 單色光의 파장
n = 간섭무늬의 갯수
d = 간섭무늬의 두께

2. 부식피트 깊이(etch pit depth)

기판과 에피택샬층의 계면의 결함은 결정면을 따라 웨이퍼 표면에도 결함을 유발시킨다. 선택적 부식(preferential etch)으로 부식피트를 노출시킨 다음 노출된 부식피트의 한변의 길이와 에피택샬층간의 기하학적인 관계를 이용하여 두께를 산출한다. 그림 6-5는 <111>실리콘의 경우이며 이때 $d = 0.816 a$ 이다.

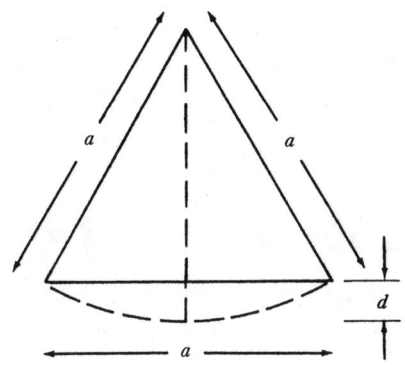

그림 6-5 부식피트에 의한 에피택샬층 두께측정

3. 적외선 간섭

기판과 에피택샬층 사이의 경계는 특정파장의 빛을 반사하는 界面(interface)이 된다. 따라서 특정한 간섭반응을 유발시키는 빛의 파장을 측정하므로써 두께를 알 수 있다. (그림 6-6 참조)

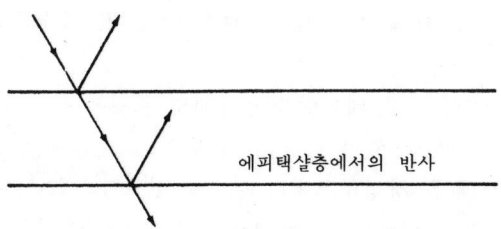

그림 6-6 적외선 간섭을 이용한 에피택샬층의 두께측정

6. 에피택샬 증착 II

불순물 농도를 결정하는 기술도 여러가지가 있으나 이들은 모두 장시간이 소요되는 지루한 작업이다. 이중 몇 가지를 예로 들어 설명한다.

1. 구분(sectioning)

부식이나 양극산화(anodic oxidation)에 의해 웨이퍼 표면의 실리콘층을 제거한 다음 노출된 面의 박판저항을 측정한다. 이 수치를 이용하면 불순물 농도를 결정할 수 있다.

2. 역바이어스 C-V 기법

에피택샬층 표면에 금속막을 형성시켜 쇼트키 장벽 다이오드(schottky barrier diode)를 만든 다음 역바이어스를 인가하여 역바이어스 전압에 따른 캐패시턴스(C-V)를 측정한다. 이 캐패시턴스로 부터 불순물 농도를 구한다.

3. 랩 및 스프레딩 프로브(lap and spreading probe)

래핑기법(lapping technique)을 이용하여 측정할 단면(profile)을 노출시킨다. 정밀한 프로브를 사용하여 그림 6-7 과 같이 단면이 노출面을 따라 각 점에서 물질의 比抵抗을 측정한다.

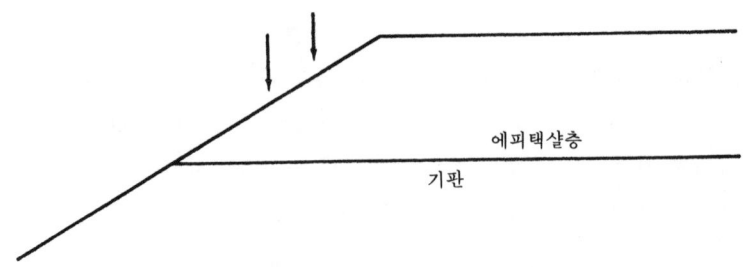

그림 6-7 랩 및 스프레딩 프루브를 이용한 불순물 농도 측정

이와 같은 방법에 얻은 데이타를 이용하면 웨이퍼 침투거리에 따른 불순물 농도분포를 구할 수 있다.

에피택샬층의 質은 결정구조내의 결함을 선택적으로 노출시키는 부식기법을 사용하여 결정되는데 영향을 미치는 인자로는 결함의 수, 위치 및 결함의 종류를 들 수 있다. (3장 및 4장 참조)

연 습 문 제

1. 에피택샬 반응로에서 웨이퍼를 가열하는 2가지 방법을 설명하라.
2. 에피택샬 증착시 冷壁반응로(cold-wall reactor)를 사용하는 이유는?
3. 에피택샬 증착에서 중요한 3가지 변수는?
4. 접합부의 깊이를 0.3μ로 하기 위해서는 파장이 얼마인 빛을 사용해야 하는가?
   8개의 프린지(fringe)가 출현한 경우의 에피택샬층 두께는?
5. 에피택샬층의 두께를 측정하는 2가지 방법을 설명하라.
6. 부식피트(etch-pit)의 한변이 $1.838\,\mu m$인 (111)실리콘 에피택샬층의 두께는?

7. 산 화 I

7-1 서 론

실리콘이 반도체가운데서 가장 널리 사용되는 이유는 화학적으로 안정한 산화규소(SiO_2) 보호膜의 성장이 가능하기 때문이다. SiO_2 보호막은 900℃-1300℃의 온도범위에 걸쳐 산소 혹은 수증기(H_2O) 분위기에서 형성된다. 산화막이 형성된 실리콘의 표면을 살펴보면 산화과정을 알 수 있다.

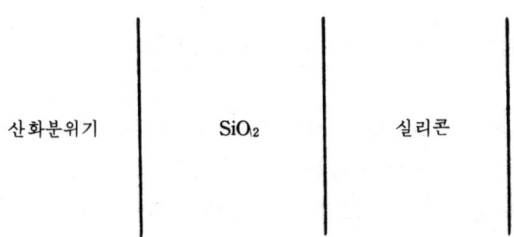

그림 7-1 표면에 SiO_2층이 형성된 실리콘

실리콘 절편상에는 거의 언제나 SiO_2막이 존재하므로 이러한 가정은 타당하다. 산화는 산소나 수증기가 실리콘과 반응하므로써 일어나는데 화학반응식은 다음과 같다.

$$Si + O_2 \longrightarrow SiO_2 \tag{7-1}$$

$$Si + 2H_2O \longrightarrow SiO_2 + 2H_2 \tag{7-2}$$

실리콘과 산화제가 반응을 일으키는 경우는 다음 3가지 경우중 한가지에 해당한다.

62 7. 산 화 I

1. 산화제가 SiO₂膜을 통과하여 실리콘과 SiO₂膜 界面에서 반응이 일어 나는 경우(그림 7-2 a)
2. 실리콘이 SiO₂膜을 통과함으로써 SiO₂膜과 산화분위기 사이의 界面에 서 반응이 일어나는 경우(그림 7-2 b)
3. 실리콘과 산화제가 SiO₂膜內에서 만남으로써 반응이 일어나는 경우 (그림 7-2 c)

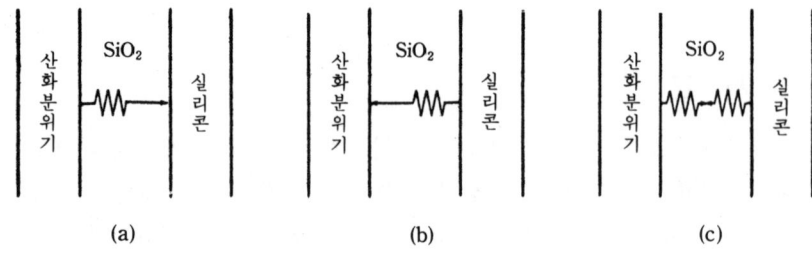

그림 7-2 실리콘의 산화반응 매카니즘

　실리콘 熱酸化의 첫번째 단계는 산화제(O_2 혹은 H_2O)가 기준 SiO₂막을 통과하여 확산하는 것이다.
　여기서 전제되어야 할 것은 산화제가 실리콘표면에 형성된 SiO₂막을 통과하여 산화될 수 있어야 한다는 것인데 실제 모든 실리콘 웨이퍼 표면에는 SiO₂막이 형성되어 있으므로 반드시 필요한 과정이다.
　이 얇은膜을 뚫고 두꺼운 산화막이 되며 또한 이 과정에서 실리콘의 일부분이 소모되는 것은 불가피하다.

7-2 熱酸化

　열산화는 ±1/2℃내로 온도조절이 가능한 爐내에서 수행된다. 대부분의 爐는 3~4 개의 코일세트를 보유하며 각 코일세트는 조절단자와 석영관을 포함한다. 爐의 온도는 코일을 전기적으로 가열하면서 전류를 제어하여 유지시킨다. 코일로 둘러싸인 석영관(실리콘이나 실리콘 카바이드로 제작되는 경우도 있다)은 웨이퍼의 封入 및 분위기의 조절도 가능하도록 되어 있다.

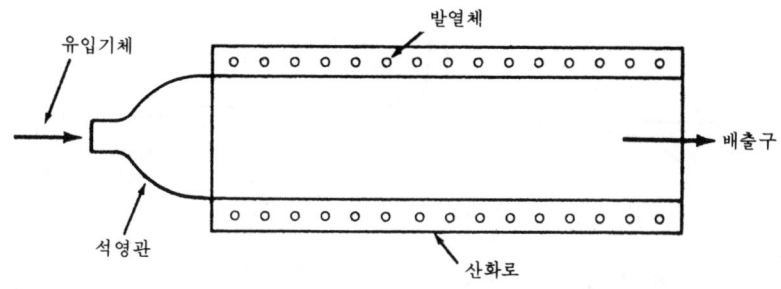

그림 7-3 산화爐의 단면도

7-3 산화공정

실리콘 열산화의 최초 단계는 오염물질을 제거하기 위한 세척공정이다. 세척공정시에는 웨이퍼가 인체를 비롯한 오염원에 접촉되지 않도록 주의해야 한다. (인체는 소듐(Na)의 잠재적 오염원으로서 소자의 표면누설의 주원인이 된다.) 세척된 웨이퍼는 보트(boat)라 불리는 석영으로 만든 그릇에 넣으므로써 산화를 위한 준비는 완료된다.

乾式 산소(dry oxygen)를 사용한 열산화시에는 석영관으로 유입되는 산소량이 실리콘과의 반응량보다 더 많아야 하며 불순물이 함입되지 않도록 주의해야 한다. 산화막 성장시에는 산소나 또는 산소·질소 혼합물을 사용하는데 질소를 사용하면 산소 사용시에 비해 산화공정 비용이 덜 든다.

물을 산화제로 사용할 경우 수증기를 만드는 방법에는 세가지가 있다. 첫째 방법은 버블러(bubbler)의 사용이다. 물을 버블러에 넣고 沸點(100℃)미만으로 온도를 유지한다 그림 7-4 는 가열망태(heating mantle)로 특정온도를 유지하는 버블러의 일종이다.

흡입구를 통해 버블러內로 유입된 기체는 물 밖으로 나오면서 수증기로 포화되고 배출구를 통해 爐로 들어가게 된다. 이 때 기체가 응고되어서는 안되므로 배출구에서 석영산화관 까지의 거리를 짧게 하던가 보조 가열장치를 이용하여 응고를 방지해야 한다. 운반기체(carrier gas)로는 산소나 질소기체를 사용하는데 어느것을 사용하든 간에 성장된 산화막의 두께는 같아야 한다. 그림 7-5 는 온도에 따른 水蒸氣圧의 변화를 나타낸 것인데 일정한 온도를 유지하는 것이 대단히 중요함을 알 수 있다.

7. 산 화 I

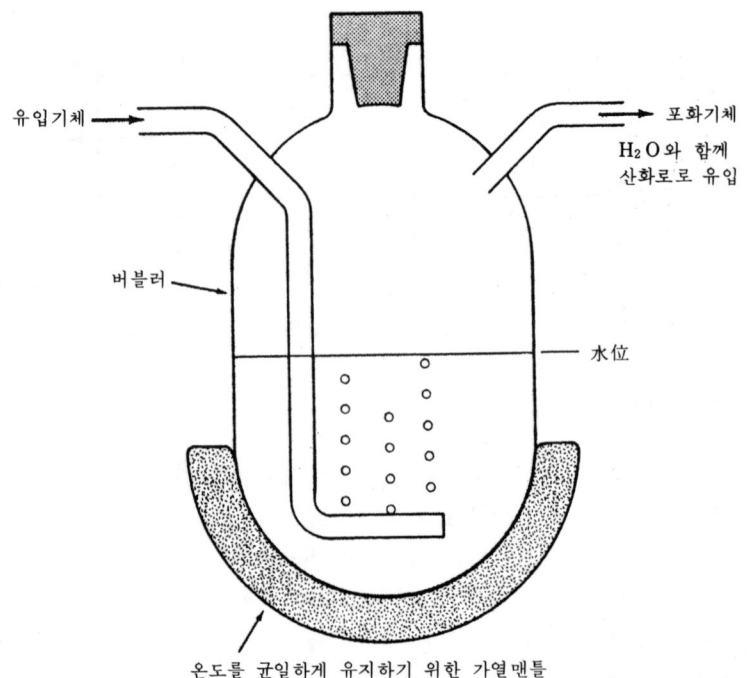

그림 7-4 濕式산화용 버블러

물의 온도는 沸點보다 2-3℃ 낮게 유지하여 수증기압의 조절이 용이하도록 한다. 만약 온도가 100℃에 근접하게 되면 작은 온도변화에 의해서도 수증기 압력이 크게 달라지게 된다. 버블러는 사용이 간편하고 再現이 용이한 장점도 있는 반면 水量이 너무 적어지면 물을 다시 채워야 하므로 다음과 같은 단점이 있다.

1. 용기(container)를 잘못 취급하면 재급수시 물이 오염될 가능성이 있다.
2. 冷水를 사용하면 수증기압이 떨어지므로 버블러에 재급수시에는 반드시 溫水를 사용해야 한다.

수증기를 얻기 위한 두번째 방법은 산소·수소 혼합물을 주입하여 연소시키는 것이다. 이런 시스템을 수소燃燒(burnt hydrogen) 시스템 혹은 토

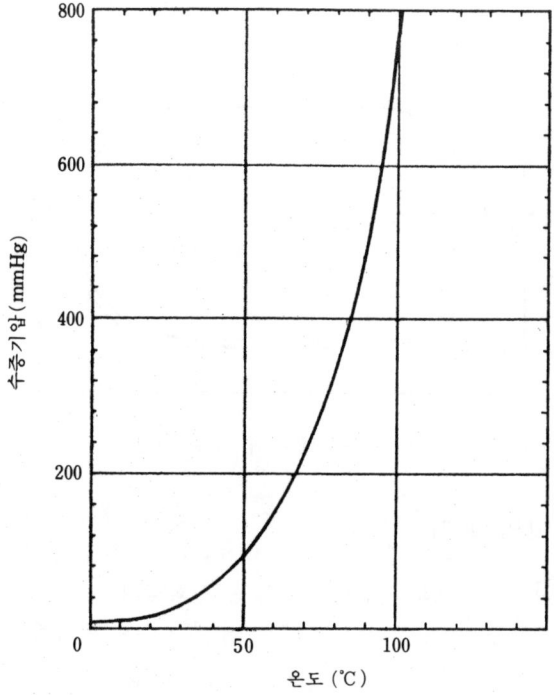

그림 7-5 온도에 따른 수증기압의 변화

오치(torch) 시스템이라 한다. 즉, 적정량의 수소와 산소를 관의 흡입구로 주입한 다음 반응을 일으키게 하여 수증기압을 얻는 방법인데 특수한 形狀의 팁(tip)을 사용한 석영주입기(quartz injector)로 산소와 수소를 적절히 연소시킨다. 이 때 산화爐 注入口의 熱로 인해 管內의 온도분포가 달라질 수 있으므로 동작상태하에서 온도분포를 재조절하여 석영관 전체의 온도분포가 균일하도록 해야 한다. 한편 이런 시스템을 이용할 경우에는 高純度 산소 및 수소를 사용해야 하며 수소의 과잉공급으로 인한 폭발의 위험이 있기 때문에 이에 대비한 안전장치를 갖추어야 한다.

세번째 방법은 소위 플래쉬(flash)시스템을 이용하는 것으로 濕式酸化에 사용된다. 그림 7-6과 같은 플래쉬시스템은 바닥을 가열한 다음 가열된 표면에 물방울을 떨어뜨려 기화시키는 방법으로 운반기체는 산소나 수소를 사용한다. 수증기는 유입된 운반기체에 의해 爐內로 들어가게 된다.

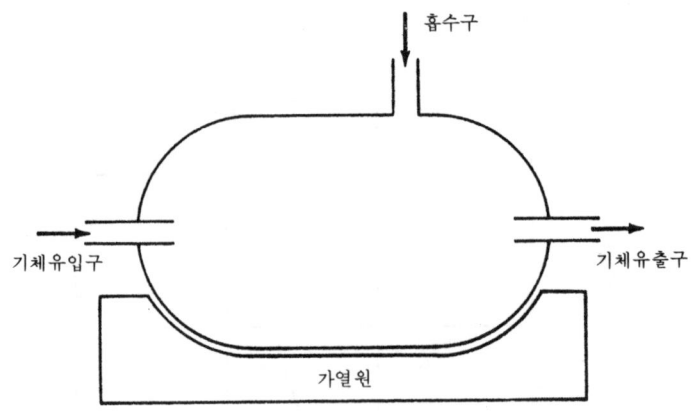

그림 7-6 플래쉬 산화시스템

7-4 산화막의 평가

SiO₂막에서 가장 중요한 두가지 특성은 산화막의 두께와 質이다. 산화막의 두께는 산화공정으로부터 정확하게 예측할 수도 있지만 검증이 필요한 경우도 있다. 대부분의 공정에서 사용되는 얇고 균일한 SiO₂막은 白色光을 수직으로 비추면 어떤 색상을 띠게 된다. 표 7-1은 산화막의 두께에 따른 색상을 나타낸 것이다. 표 1에서 알 수 있는 바와 같이 산화막 두께의 증가에 따른 색상의 변화가 주기적임을 알 수 있다. 따라서 색상에 의해 산화막의 두께를 알고자 할 경우에는 앞서 나타났던 모든 색상을 알지 않으면 안된다. 그림 7-7은 이런 방법을 도시한 것이다. 산화막을 부식시켜 경사를 만든 다음 염산에 담구었다가 천천히 꺼내면 앞에서 나타났던 모든 색상을 알 수 있다. 산화막의 두께는 특정지역의 두 導電板사이에 나타나는 캐패시턴스를 측정함으로서도 알 수 있으며 산화막에 계단을 만들어 광학적 간섭현상이나 물리적 기법을 사용해서 측정하는 방법도 있다.

특히 웨이퍼 표면의 계단 두께를 측정할 때 사용하는 장비는 표면 프로필로메터(surface profilometer)라 하는데 이것은 측정해야 할 표면위에 계기의 鐵筆을 놓으면 철필이 산화막에 생긴 계단의 높이를 그리도록 한 장비이다. 이 외에도 산화막의 두께를 특정범위내에서 정밀하게 측정하고자 할 경우에는 엘립소메터(ellipsometer)를 이용하기도 하지만 특수한 경우

7-4 산화막의 평가   67

표 1 熱成長 SiO₂膜의 색상대조표
(OBSERVED PERPENDICULARLY UNDER DAYLIGHT FLUORESCENT LIGHTING)

Film Thickness (microns)	Order (5450 Å)	Color and Comments	Film Thickness (microns)	Order (5450 Å)	Color and Comments
0.050		tan	0.365	II	yellow-green
0.075		brown	0.375		green-yellow
			0.390		yellow
0.100		dark violet to red violet	0.412		light orange
0.125		royal blue	0.426		carnation pink
0.150		light blue to metallic blue	0.443		violet-red
0.175	I	metallic to very light yellow-green	0.465		red-violet
			0.476		violet
0.200		light gold or yellow—slightly metallic	0.480		blue-violet
0.225		gold with slight yellow, orange	0.493		blue
0.250		orange to melon			
0.275		red-violet	0.502		blue-green
			0.520		green (broad)
0.300		blue to violet-blue	0.540		yellow-green
0.310		blue	0.560	III	green-yellow
0.325		blue to blue-green	0.574		yellow to "yellowish" *
0.345		light green	0.585		light orange or yellow to pink borderline
0.350		green to yellow-green			

68 7. 산 화 I

TABLE 7-1 (*cont.*)

0.60		carnation pink	1.05		red-violet
0.63		violet-red	1.06		violet
0.68		"bluish" **	1.07		blue-violet
0.72	IV	blue-green to green (quite broad)	1.10		green
0.77		"yellowish"	1.11		yellow-green
			1.12	VI	green
0.80		orange (rather broad for orange)	1.18		violet
0.82		salmon	1.19		red-violet
0.85		dull, light red-violet			
0.86		violet	1.21		violet-red
0.87		blue-violet	1.24		carnation pink to salmon
0.89		blue	1.25		orange
			1.28		"yellowish"
0.92	V	blue-green			
0.95		dull yellow-green	1.32	VII	sky blue to green-blue
0.97		yellow to "yellowish"	1.40		orange
0.99		orange	1.45		violet
			1.46		blue-violet
1.00		carnation pink	1.50	VIII	blue
1.02		violet-red	1.54		dull yellow-green

* Not yellow but is in the position where yellow is to be expected; at times it appears to be light creamy grey or metallic.
** Not blue but borderline between violet and blue-green; it appears more like a mixture between violet-red and blue-green and overall looks greyish.

NOTE: Above chart may also be used for Vapox, Sputtox, Phosphox and Borox dielectric films. For silicon nitride films, multiply film thickness by 0.75.
SOURCE: *IBM J. Res. Dev.*, 8, 43 (1964).

를 제외하고는 사용되지 않는다.

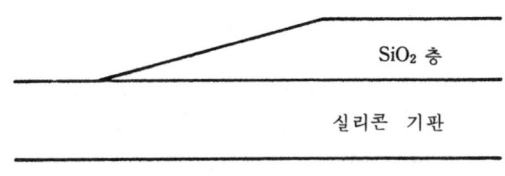

그림 7-7 경사를 만든 실리콘 웨이퍼의 산화막

SiO₂층의 誘電的 性質은 다음 두가지 요인에 의해 결정된다.
1. SiO₂층의 降服强度(breakdown strength)
2. 전압인가시에 SiO₂층내에 出現하는 드리프트 오염물의 양

항복강도는 SiO₂층 두께를 측정한 다음 SiO₂층 兩端에 電極을 부착하고 전압을 인가해서 측정한다. 인가전압에 의해 電極 사이에는 전류가 흐르게 되며 전압을 계속해서 증가시키면 특정전압에서 전류가 급격하게 증가하게 되는데 이 전압이 바로 항복전압이다. 이와 같은 방법으로 웨이퍼의 여러부분에서 항복전압을 측정하여 그 분포를 구하고 이에 따라 산화막의 良否를 결정한다. SiO₂의 경우 유전강도(dielectric strength)는 600 V/μm 이상이어야 한다. 이동성 오염물(주로 소듐)의 量은 C-V 技法으로 측정하며 그 방법은 아래와 같다.

얇은 SiO₂층 兩端에 電極을 붙인 다음 한쪽 끝에 (-) 전압을 인가하여 캐패시턴스를 측정한다. 온도를 올린 다음 다시 한쪽끝에 (+) 전압을 인가하여 캐패시턴스를 측정하고 이 두 경우의 C-V 곡선을 비교함으로서 이동성 오염물의 量을 알아낸다.

7-5 최근의 산화기술

산화막 성장중 HCl 나 TCE 와 같은 염소화합물을 산화管내로 주입시키면 이동성 오염물질의 양이 크게 감소되어 誘電特性이 우수한 SiO₂층을 얻을 수 있음이 밝혀졌다. 이는 Si-SiO₂층 界面에 축적된 염소이온과 이동성 오염물이 결합하므로서 오염물이 이동하지 못하기 때문인 것으로 추정되고

있다. 위와 같은 효과를 얻기 위해서는 염소화합물의 **量**을 적절히 조정해야 한다.

연 습 문 제

1. 산화관의 재질로 가장 널리 이용되는 물질은?
2. 실리콘 산화시에 이용되는 두가지 화학제는?
3. 실리콘 산화시에 화학반응이 일어나는 곳은?
4. 산화**爐**에 수증기를 유입시키기 위한 세가지 방법을 설명하라.
5. 산소(dry O_2)를 사용한 산화공정에서 질소를 사용하는 목적은 무엇인가?
6. 산소버블러내의 **水溫**은 보통 몇도로 유지시키는가?
7. 수소연소 시스템 사용시에 주의해야 할 사항은?
8. 두께가 2 μm 인 SiO_2층의 항복전압은 얼마 이상이어야 하는가?
9. SiO_2층의 **誘電特性**을 향상시키는 방법을 설명하라.

8. 산 화 II

8-1 산화막의 두께

실리콘 웨이퍼의 산화시에는 산소를 이용할 수도 있으며 수증기를 사용하는 경우도 있다. 산소와 수증기가 모두 산화에 이용된다는 점에서는 같으나 이들에 의한 산화에 호환성은 없다. 수증기를 이용한 방법은 같은 온도, 같은 시간 조건하에서 산소를 이용한 방법보다 산화율이 훨씬 빠르다. 이러한 산화율의 차이로 인해 이들 방법이 사용되는 경우도 서로 다르다. 그림 8-1과 8-2는 실리콘 웨이퍼에서 출발하여 한번 산화공정을 거친 경우의 산화막의 두께를 나타낸 도표인데 이 표의 이용방법은 다음과 같다.

예제 1) 920℃에서 50분간 습식산화(steam oxidation)를 시킨 경우의 SiO_2의 두께

    답) 그림 8-2에서 920℃곡선과 산화시간축의 50분이 만나는 점을 찾는다 이 점에서 그래프의 종축으로 직선을 그었을 때의 교점인 0.23μ (2300Å)이 바로 이때의 두께가 된다.

예제 2) 1000℃에서 90분간 건식산화했을 때의 SiO_2의 두께

    답) 예 1과 동일한 방법을 사용하되 그림 8-1의 그래프를 이용한다. 따라서 두께는 0.085μ (850Å)이다.

소자 제작시 실리콘 웨이퍼는 온도와 산화제를 바꾸어 가면서 일련의 산화공정을 거치게 된다.

산화공정이 완료된 후의 산화막의 두께는 아래와 같은 몇가지 방법에 따라 알아낸다.

72 8. 산 화 II

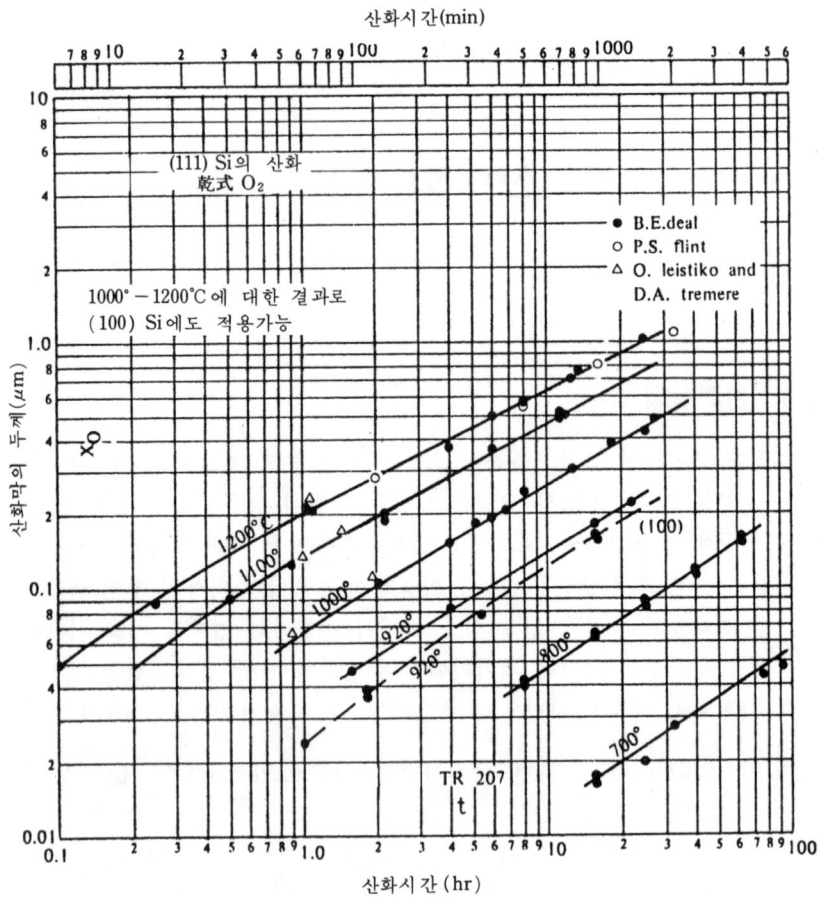

그림 8-1 건식산화시의 산화막 두께와 산화시간의 관계

1. SiO_2막의 현재 두께를 출발점으로 하여 다음 산화공정의 성장조건으로 현재의 산화막 두께를 얻는데 필요한 시간을 구한다. (산화되지 않은 웨이퍼일 경우 시간은 0 이다)
2. 1항의 시간에 현재 진행중인 추가 산화시간을 더한다.
3. 2단계에서 결정된 시간이 경과한 후의 산화막 두께를 구한다. 2항의 공정이 최종 산화공정이면 이 두께가 총두께가 된다. 한편 2항의 공정이 최종공정이 아닐 경우에는 이때의 두께를 출발점으로 하여 1, 2 및

3단계를 되풀이 한다.

다음과 같은 공정을 예로 들어 설명하면

분위기	온도	시간
1. 乾式 O_2	1200℃	60분
2. 95℃ (증기)	900℃	40분
3. 95℃ (증기)	1200℃	13분

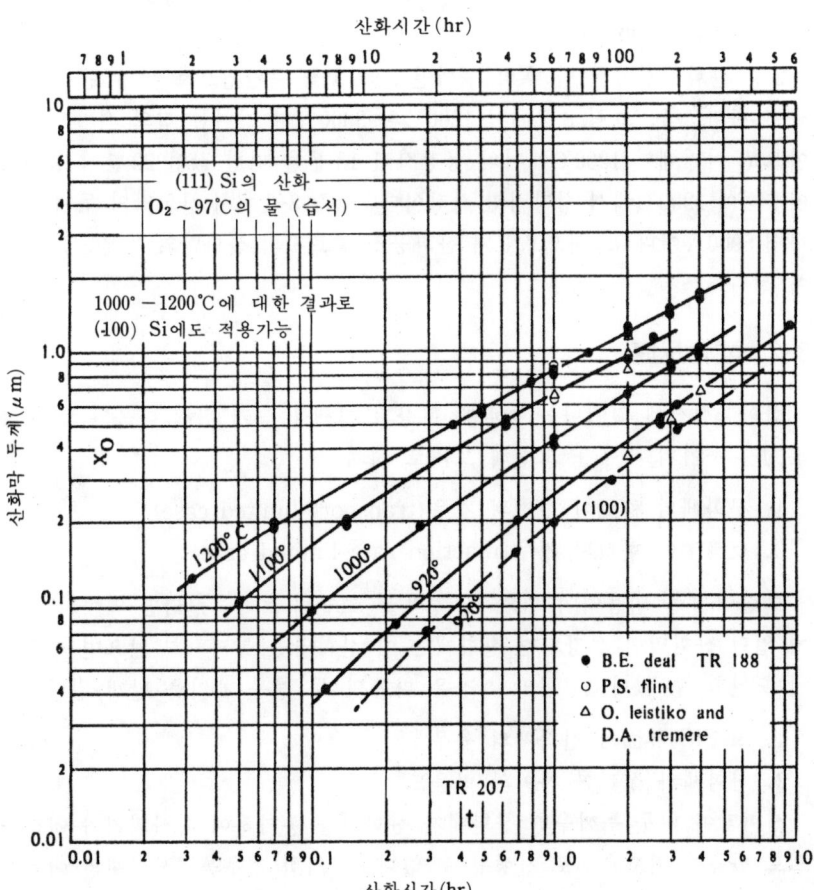

그림 8-2 습식산화시의 산화막 두께와 산화시간의 관계

첫번째 공정 종료시의 두께를 그림 8-1에서 구하면 2000Å이다. 이 두께가 바로 출발점이 된다. 2차 산화공정의 성장조건을 이용했을 때 2000Å을 성장시키는데 소요되는 시간을 구한다. 2차공정은 증기를 이용하며 온도는 900℃이므로 그림 8-2에서 2000℃을 성장시키는데 필요한 시간을 구하면 50분이다. 즉, 실리콘의 경우 증기를 이용하여 900℃에서 웨이퍼 표면에 2000Å의 SiO_2를 성장시키는데는 50분이 소요된다. 여기에다 900℃에서의 성장기간인 40분을 더하면 90분이 되는데 이것은 900℃에서 90분간 산화막을 성장시킨 결과와 동일하므로 그림 8-2에서 이때 두께를 구하면 SiO_2층의 두께는 3000Å이다.

2차 산화공정이 끝난 후의 두께인 3000Å을 출발점으로 위의 단계를 되풀이 한다. 즉, 그림 8-2에서 1200℃와 3000Å의 만나는 점의 시간은 9분이므로 여기에다 1200℃에서의 성장시킨 13분을 더한 값인 22분이 증기를 이용하여 1200℃에서 성장시킨 시간이다. 그림 8-2에서 산화막의 두께를 구하면 5000Å이다. 그러므로 3차 산화공정 종료시의 산화막의 두께는 5000Å이 된다.

8-2 酸化反應

산화공정시에 일어나는 物理的 현상의 이해를 돕기 위해 다음과 같은 極端的인 두가지 경우를 고찰해 보기로 하자.

1. 산화제의 移動이 한정된 경우(transport-limited case)
2. 反應率이 한정된 경우(reaction rate-limited case)

그림 8-3을 이용하여 위의 두 경우를 고찰해 보자. 실리콘 웨이퍼 표면에 일단 산화막이 성장되면 산화제는 이 산화막을 통과하지 않으면 실리콘에 도달할 수 없다. 산화막 성장은 다음의 두 경우 제약을 받게 된다.

1. Si-SiO_2界面의 산화제의 유무
2. 산화제와 실리콘 사이의 반응도

산화막이 너무 두꺼우면 산화제가 산화막을 통과하여 확산되기가 어려움으로 반응이 최고속도로 진행될 수 없다. 이러한 경우를 "산화제의 이동이 한정된 경우" 혹은 "擴散 지배형(diffusion-limited case)라 한다. 반면에 SiO_2막의 두께가 대단히 얇은 경우에는 산화원자의 Si-SiO_2界面확산은 방

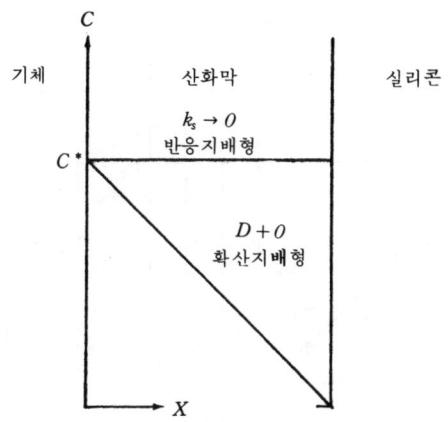

그림 8-3 두 경우에 있어 산화막 내의 산화제의 분포

해를 받지 않으며 잉여원자가 나타날 때 까지 계속해서 계면으로 확산된다. 따라서 이때의 SiO_2 성장율은 실리콘이 산화원자와 반응하는 속도에 따라 좌우된다.

1항과 2항의 경우, 성장율이 각기 다른 것은 그림 8-1과 8-2에서도 알 수 있다. 低溫에서 짧은 시간동안 성장시킨 곡선의 기울기는 高溫에서 장시간 성장시킬 때의 곡선기울기와 차이가 있다. 산화제의 이동이 한정된 경우의 곡선기울기는 급격한 반면 반응율이 한정된 경우의 곡선 기울기는 보다 완만함을 알 수 있다.

8-3 熱酸化時 도핑원자의 再分布

열산화시, 실리콘층과 SiO_2층 사이의 界面은 실리콘의 도핑역역을 지나 이동한다. 이러한 이동성 界面에 출현하는 도핑원자는 실리콘과 SiO_2의 相對溶解度(relative solubility)에 따라 재분포 된다. 인(P), 비소(As) 및 안티몬 등의 불순물은 SiO_2보다 실리콘내에서의 용해도가 크므로 이동성 Si-SiO_2界面 앞에 축적되는 경향을 띤다. 반면 붕소(B)는 SiO_2 내에서의 용해도가 더 크기 때문에 진행하는 Si-SiO_2界面 앞의 실리콘 내에서는 고갈되며 새로 성장된 SiO_2 층내에 축적된다. 그림 8-4와 8-5는 열산화시의 인과 붕소의 재분포를 나타낸 것이다.

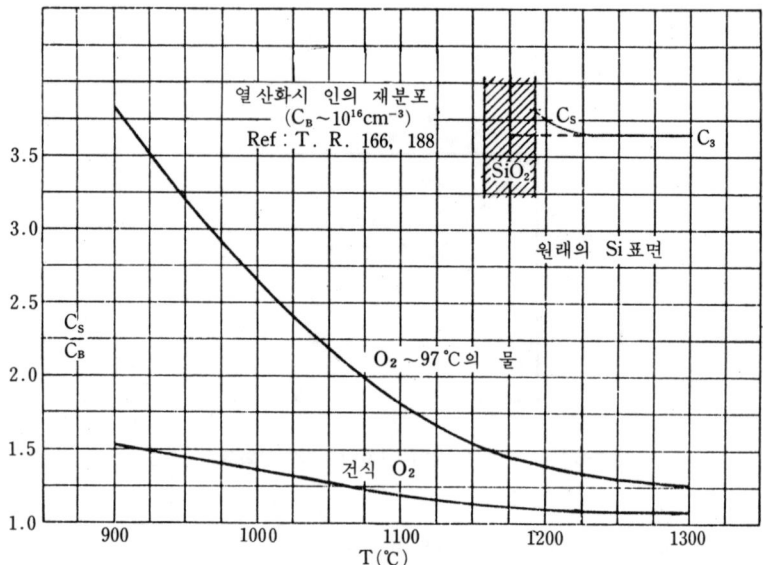

그림 8-4 열산화시 인(P)의 재분포

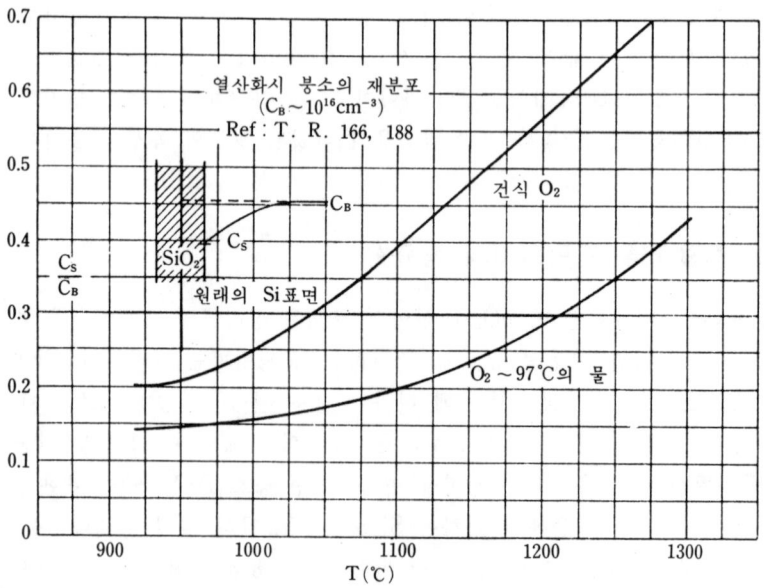

그림 8-5 열산화시 붕소(B)의 재분포

8-4 陽極酸化

양극산화 (anodic oxidation)는 웨이퍼에 비교적 얇은 SiO_2막 (600Å까지)을 저온에서 성장시키기 위한 기술이다. 그림 8-6과 같이 전해액내의 실리콘 웨이퍼에 (+)전압을 인가하여 이를 양극으로 하고 음극은 전해액내에 두는 방법인데 양극과 음극 사이에 전압을 인가하며 산화막의 최종 두께는 양극과 음극 사이에 인가되는 전압에 의해 결정된다. 이렇게 형성된 산화막은 전기적 특성은 떨어지지만 再現가능한 두께의 실리콘층을 쉽게 제거할 수 있다. 양극산화에서는 산화제가 산화막을 지나 실리콘-SiO_2界面으로 확산되더라도 앞서 확산된 도핑원자의 분포에는 변함이 없다. 양극산화는 SiO_2제거 및 4點프로브와 함께 확산분포 측정에 이용되기도 한다.

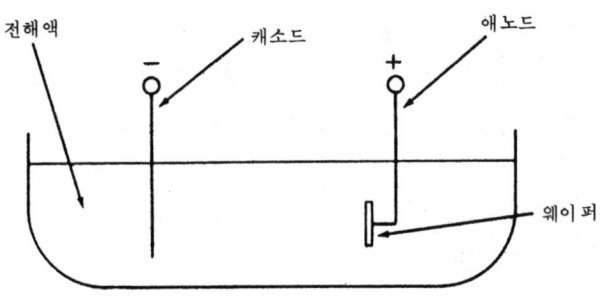

그림 8-6 실리콘용 양극산화장치

연 습 문 제

1. 다음과 같은 산화공정을 거친 후 실리콘 웨이퍼에 성장된 SiO_2층의 두께를 각각 구하라.
   a. 1200℃   乾式 O_2 60 분
   b. 1000℃   97℃ H_2O 12 분

2. 웨이퍼 산화시간을 두배로 하면 산화막의 두께도 두배가 되는가? 그렇지 않다면 그 이유를 설명하라.

8. 산화 II

3. 한장의 실리콘 웨이퍼에 대해 아래와 같이 3단계 산화공정을 거쳤을때 산화막의 두께를 구하라.
   a. 4.5시간   1,100℃   乾式 O_2
   b. 6분   1,200℃   97℃ H_2O
   c. 12분   1,100℃   97℃ H_2O

4. 양극산화에서 실리콘과 산화제(O_2 혹은 H_2O) 중 어느것이 이동하는가?

5. 결정방향이 (111)인 실리콘 웨이퍼를 1200℃에서 30분간 증기로 산화시켜 두께가 $1\,\mu m$인 산화막을 얻었다. 같은 온도, 같은 분위기에서 $3\,\mu m$ 두께의 산화막을 얻는데 소요하는 시간은?

6. 결정방향이 (100)인 실리콘 웨이퍼를 1100℃에서 증기로 24분간 산화시켰다. 이 위에 다시 乾式 O_2를 사용하여 1000℃에서 $1\,\mu m$ 두께의 산화막을 입히려고 한다. 소요시간은 얼마인가? 또 산화막의 최종두께는?

7. 증기를 이용한 실리콘 산화가 乾式산화보다 빠른 속도로 진행되는 이유는?

8. 산화제의 이동이 한정된 경우와 반응률이 한정된 경우의 차이를 설명하라.

9. 붕소가 도핑된 실리콘을 산화시킬 경우, 실리콘내의 붕소는 실리콘-산화막界面에서 쌓이는가 혹은 고갈되는가? 그 이유를 설명하라.

9. 불순물 주입 및 재분포 I

9-1 확 산

 확산은 농도가 높은 영역으로부터 낮은 곳으로 입자가 퍼져나가는 현상을 말한다. 확산은 컵속에 담긴 맑은 물에 소량의 검은색 잉크를 떨어뜨렸을 때를 생각하면 쉽게 알 수 있을 것이다. 잉크가 떨어진 최초에는 잉크는 맑은물에서 하나의 黑色 영역을 형성하나 점차 이 영역으로 부터 이동하므로서 물 전체가 동일한 색상을 띄게 된다. 즉, 시간이 지날수록 잉크는 어두운 부분으로 부터 보다 맑은 부분으로 이동하며 장시간 경과 후에는 물 전체에 균일하게 분포하게 된다.
 그림 9-1은 확산과정을 나타낸 것인데 최초의 입자분포를 나타내는 그림 9-1a로부터 그 변화를 살펴보자. 시간이 경과하면 입자분포는 그림 9-1b, 9-1c와 같이 中心으로부터 양쪽방향으로 이동하기 시작하고 결국에는 그림 9-1d와 같이 균일하게 분포된다.
 입자의 擴散率은 입자의 이동속도에 依存하며 이동속도는 온도가 높을수록 빨라진다. 따라서 물질의 확산계수(diffusion coefficient)는 온도依存性이다.

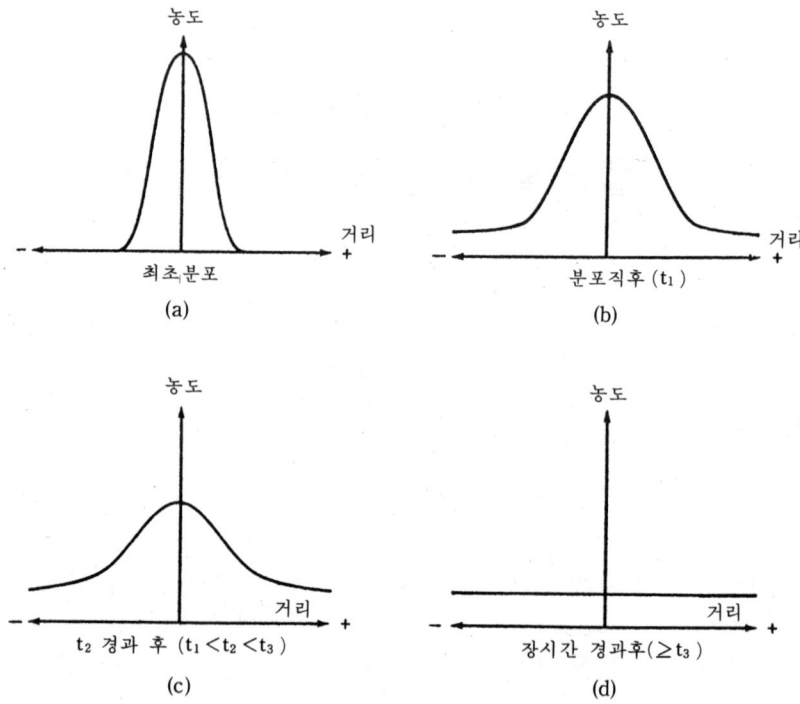

그림 9-1 시간에 따른 불순물의 재분포

9-2 확산공정

확산공정은 반도체 결정의 특정부분에 일정량의 불순물을 주입하기 위한 공정으로 크게 두가지 유형으로 구분할 수 있다.

1. 증착확산(predeposition) : 일정량의 불순물을 반도체내로 주입하는 것을 말한다.
2. 드라이브인 확산(drive-in) : 불순물의 양을 조절하여 반도체내에서 최종농도분포를 얻는 과정을 말한다.

증착확산

증착확산시에 반도체 기판을 특정온도로 가열하여 필요로 하는 도우펀트를 웨이퍼 표면에 분포 시키면(이에 대한 방법은 이후 기술하기로 한다)

9-2 확산공정 **81**

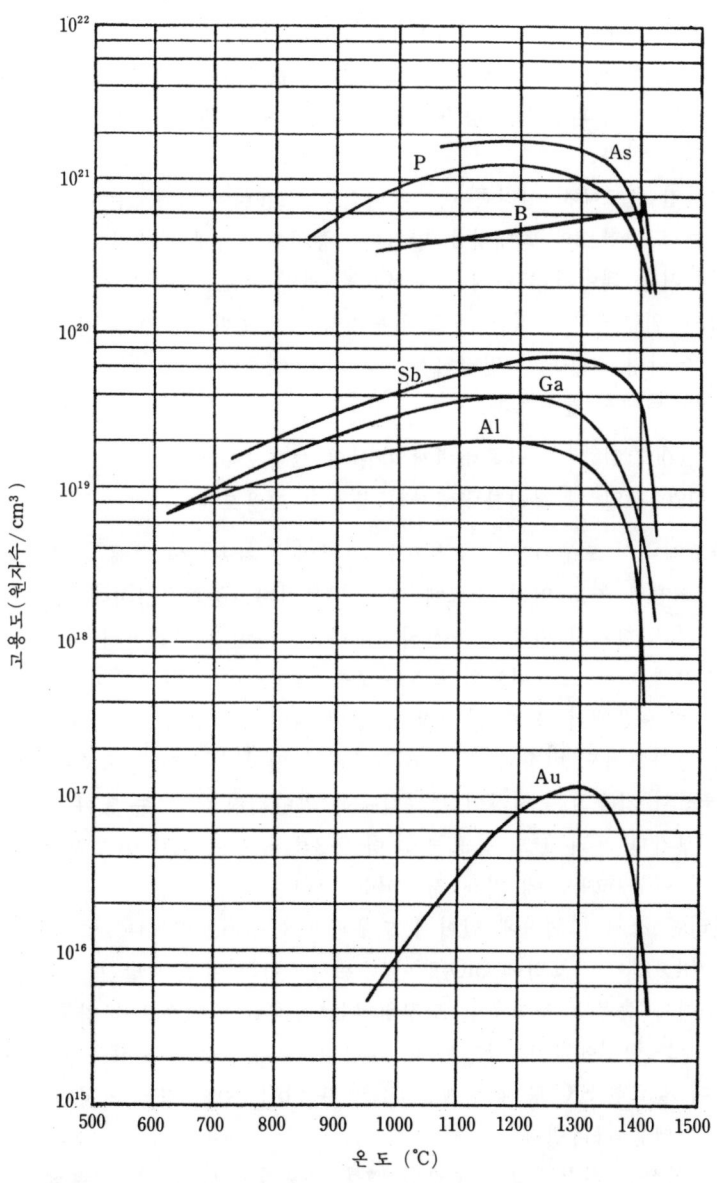

그림 9-2 실리콘내에서의 불순물의 용해도

도우펀트는 최고농도인 固溶度(solid solubility)에 도달할 때 까지 결정 內로 침투한다. 어떤 물질속에 포함된, 종류가 다른 물질의 고용도는 온도에만 의존하게 되는데 그림 9-2 는 실리콘내에서 불순물량에 따른 용해도를 나타낸 것이다.

주어진 온도에서 실리콘 내부에서의 도우펀트의 고용도는 실리콘안에 존재하는 도우펀트의 최대량을 말한다. 증착확산시에 정해진 조건을 그대로 유지할려면 웨이퍼 표면에 도우펀트를 과잉 분포 시켜야 하며 그 이유는 실리콘 외부에서 실리콘 내로 침투가능한 양보다 더 많은 양의 도우펀트가 있어야만 고용도가 일정하게 유지되기 때문이다. 그림 9-2 를 이용하여 다음의 예제를 풀어보자.

1. 1000℃일 때 실리콘내에서의 인의 고용도
2. 1200℃일 때 실리콘내에서의 붕소의 고용도

반도체내의 도우펀트의 고용도는 기판의 유지온도에 의해 결정되므로 웨이퍼 표면의 농도 역시 온도에 의해 좌우된다. 증착확산시에 특성을 좌우하는 다른 한가지 변수는 확산시간이다. 확산시간은 웨이퍼 표면으로부터의 거리에 따른 도우펀트의 농도분포를 결정하며 그림 9-3이 이를 나타낸다. 그림 9-3에서 볼 수 있는 바와 같이 웨이퍼 표면의 도우펀트 농도는 시간이 경과하여도 변함이 없지만 표면에서 떨어진 곳의 농도분포를 나타내는 곡선의 기울기는 시간이 경과할수록 완만해짐을 알 수 있다. 한편 장시간이 경과한 후의 농도 분포는 그림 9-3 d 와 같이 웨이퍼 전체를 통해 균일하며 이는 고용도에 의해 결정되는 값이다.

실리콘 소자의 제작에 있어서 도우펀트가 실리콘의 어떤 영역으로 침투하는가는 웨이퍼 표면에 SiO_2층이 존재하느냐의 여부에 달려 있다. SiO_2층의 두께가 충분히 두꺼우면 도핑원자는 목적한 영역으로만 침투하며 이때의 두께는 실험에 의해 결정된다. 그림 9-4 a 는 붕소의 확산을 차단(mask)하는데 필요한 SiO_2층의 두께를, 그림 9-4 b 는 인의 확산을 차단하는데 필요한 두께를 나타낸다.

증착확산은 산화공정과 동일한 爐를 사용하며 웨이퍼는 사용에 앞서 반드시 前工程에서 생성된 오염물질을 제거해야 한다. 대부분의 증착확산은 세척된 웨이퍼를 석영으로 만든 웨이퍼 지지대나 보트에 넣은 다음 所

9-2 확산공정

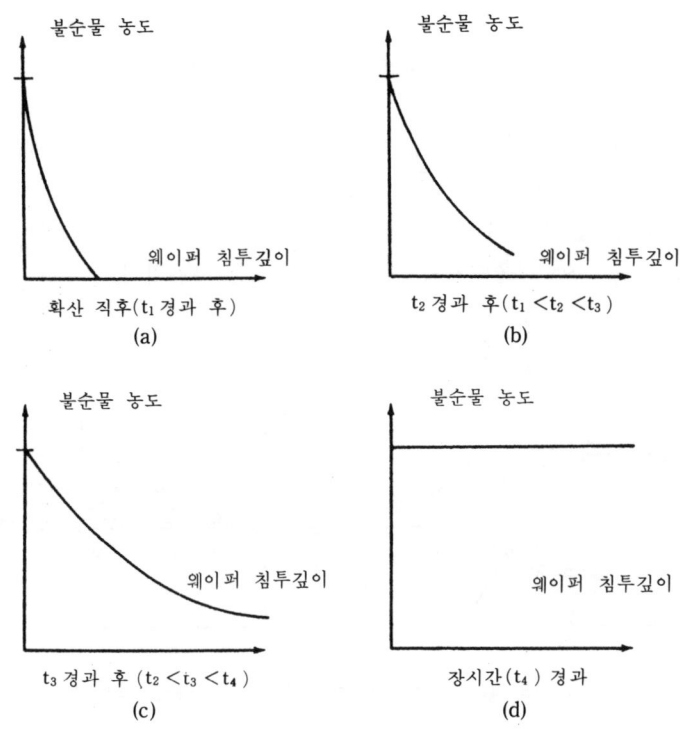

그림 9-3 증착확산시 증착시간에 따른 도우펀트의 농도분포

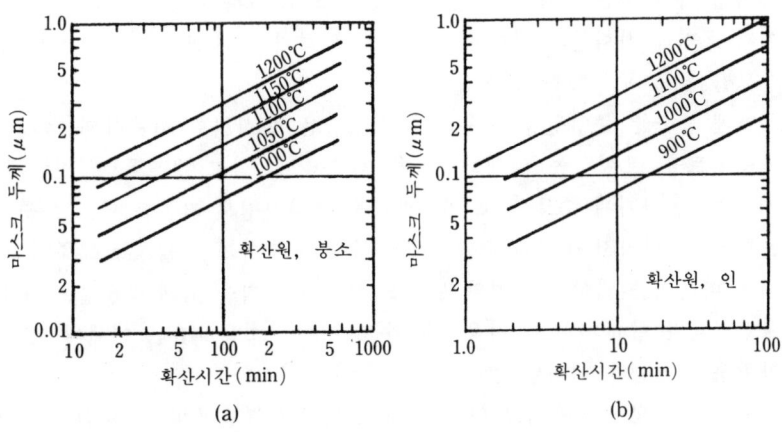

그림 9-4 마스킹 산화막의 두께   a) 붕소   b) 인

要 도우펀트로 분위기를 맞춘 爐內에서 수행된다. 이 때 웨이퍼에 도우펀트를 충분히 증착시켜 불순물의 농도가 최대고용도(solid solubility limit)에 이르도록 해야 한다.

증착확산시의 불순물 주입源(dopant source)으로는 고체, 액체, 기체중 어떤 형태라도 가능하며 고체는 분말상태로 이용되는 경우도 있다. 가열된 불순물 주입원은 운반기체에 의해 爐內로 주입된다. 그림 9-5는 이런 시스템을 도시한 것인데 운반기체로는 주로 질소를 사용한다.

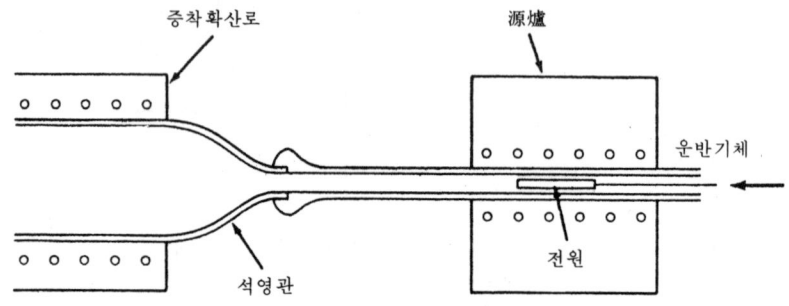

그림 9-5 源爐(source furnace)를 이용한 분말증착확산

현재까지 보고된 바에 의하면 증착확산시 소요 도우펀트의 산화물을 이용하면 가장 좋은 결과를 얻을 수 있는 것으로 나타나 있다. 도우펀트가 웨이퍼 표면에 산화물의 형태로 도달하도록 하기 위해 도우펀트와 함께 산소를 爐內部로 주입하는 경우도 있다.

액체 불순물 주입원을 사용하는 시스템은 습식산화 버블러와 유사하다 도우펀트를 포함하는 액체화합물을 버블러에 넣고 온도를 일정하게 유지하면 운반기체(주로 질소)가 액체를 통과하면서 거품화 되고 불순물로 포화된다. 따라서 운반기체에 의해 불순물이 증착확산 爐內部로 주입된다. 때에 따라서는 웨이퍼 표면의 불순물 산화막 증착을 위해 불순물로 포화된 운반기체와 함께 산소를 사용하는 수도 있다. 그림 9-6은 액체에 의한 증착확산 시스템을 나타낸 것이다.

여러 분야에서 이용되고 있는 기체 擴散源은 불순물의 爐內 注入이 간단하다는 장점도 있으나 여러가지 문제점도 수반한다. 불순물 주입원으로 사

9-2 확산공정 **85**

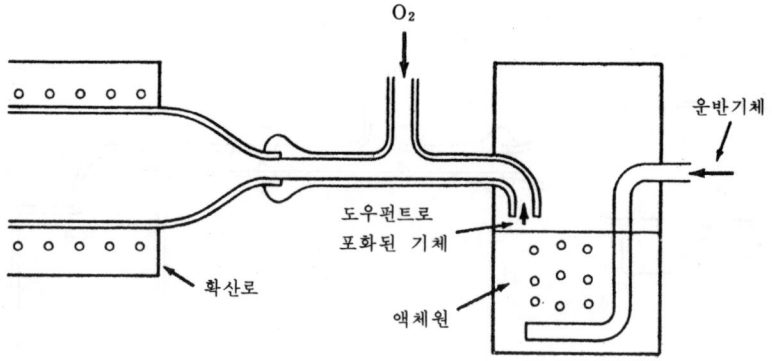

그림 9-6 액체에 의한 증착확산

용이 용이한 대부분의 기체는 毒性이 있으므로 누출되지 않도록 주의해야 한다. 이런 기체들은 화학적으로 불안정한 경우도 있으며 보관상태가 나쁘거나 너무 장기간 보관시에는 스스로 분해되는 것도 있다.

또 한가지 문제는 이러한 화학적으로 불안정한 성질이 기체중에 출현 가능한 도우펀트의 최대농도를 낮추게 되어 소요 불순물의 농도를 최대한으로 높이는 것이 불가능하다는 점이다. 도우펀트 기체는 반드시 所要 불순물을 함유해야 하며 이와 결합된 원소 역시 증착확산에 악영향을 미치는 것이어서는 안된다. 대부분의 경우는 웨이퍼 표면에 불순물 산화막을 확실히 증착시키기 위해 운반기체와 함께 산소를 주입한다. 한편 管내의 기체 속도를 적정수준으로 유지하기 위해 질소와 같은 운반기체를 사용하는 수도 있다. 그림 9-7은 기체에 의한 증착확산을 도시한 것이다.

증착확산원의 또 다른 형태는 소요 도우펀트의 화합물로 만든 웨이퍼를 이용하는 방법이다. 源泉웨이퍼는 이런 도우펀트 웨이퍼를 산화시킨 것이며 源泉웨이퍼와 도우펀트 웨이퍼 모두를 석영보트에 넣어 爐속으로 넣는다. 보트는 실리콘웨이퍼와 源泉웨이퍼가 일정한 간격을 두고 마주보도록 설계되어 있다. 보통, 한장의 源泉웨이퍼는 두장의 素子웨이퍼와 마주보게 된다. (그림 9-8 참조)

일반적으로 증착확산 管내를 흐르는 분위기 기체로는 질소를 사용하며, 소량의 산소를 첨가하여 소자웨이퍼 표면에 도달하는 불순물이 산화막으로 작용하도록 하는 수도 있다. 도우펀트는 源泉웨이퍼와 소자웨이퍼 사이의

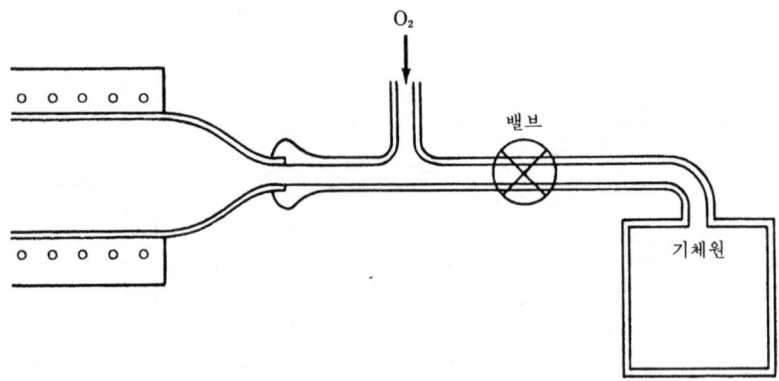

그림 9-7 기체에 의한 증착확산

공극을 가로질러 소자웨이퍼에 도달한다. 표 9-1은 분말, 액체, 기체 및 웨이퍼源을 이용한 증착확산을 요약한 것이다.

도우펀트는 웨이퍼 표면과 접촉된 SiO_2확산막으로 부터 주입되는 수도 있는데 웨이퍼에 확산막(doped layer)을 입히는 방법에는 두가지가 있다.

1. 저온에서 화학증착(chemical vapor deposition)을 하는 방법
2. 포토레지스터(photoresist)층의 적용과 유사한 기법을 사용하는 방법

어느 방법이든간에 웨이퍼는 前面에 도우펀트가 존재하는 상태로 爐내에 넣어지며 증착확산중 일정 소요량의 도우펀트가 반도체내로 확산된다. 다음은 웨이퍼 前面에 잔류하는 과잉도우펀트를 부식시켜 제거하는 단계인데

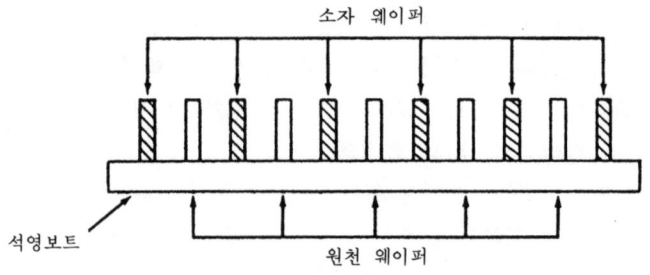

그림 9-8 源泉웨이퍼를 이용한 증착확산

표 9-1 확산원

형태	원소	최대고용도	1100°C의 확산도	실리콘 표면	화합물의 명칭	화학식	상태	기타 (NPN)
n	Sb	7×10^{19} (1,250°C)	2.5×10^{-14} cm²/sec.	O.K.	antimony trioxide	Sb_2O_3	solid	subcollector
	As	1.8×10^{21} (1,150°C)	3×10^{-14} cm²/sec.	good	arsenic trioxide	As_2O_3	solid	closed tube or source furnace; subcollector
					arsine	AsH_3	gas	subcollector & emitter
	P	1.4×10^{21} (1,150°C)	3×10^{-13} cm²/sec	average	phos pentoxide	P_2O_5	solid	emitters
					phos oxychloride	$POCl_3$	liquid	emitters
					phosphine	PH_3	gas	emitters
					silicon pyrophosphate	SiP_2O_7	solid	wafer source

형태	원소	최대고용도	1100°C의 확산도	실리콘 피트	화합물의 명칭	화학식	상태	기타 (NPN)
p	B	5×10^{20} (1,250°C)	3×10^{-13} cm^2/sec	bad	boron trioxide	B_2O_3	solid	base/isolation
					boron tribromide	BBr_3	liquid	base/isolation
					diborane	B_2H_6	gas	base/isolation
					boron trichloride	BCl_3	gas	base/isolation
					boron nitride	BN	solid	wafer source
	Au	$10^{14} - 10^{17}$ (800–1,100°C)	10^{-6} cm^2/sec	good	gold	Au	solid (evap.)	base life time control
$n \cdot p$ 모두 아닌 경우	Fe Cu Li Zn Mn Ni				오염에 기인한 불필요한 불순물이 존재			

희석한 염산이나 염산 緩衝용액을 사용하는 것이 보통이다. 이로서 드라이브인 확산에 대한 준비가 완료된다.

드라이브인 확산

드라이브인은 확산의 한 단계로 도우펀트는 더 이상 첨가되지 않으며 산화분위기에서, 새로이 확산된 영역위에 SiO_2 보호막을 재성장시키는 과정

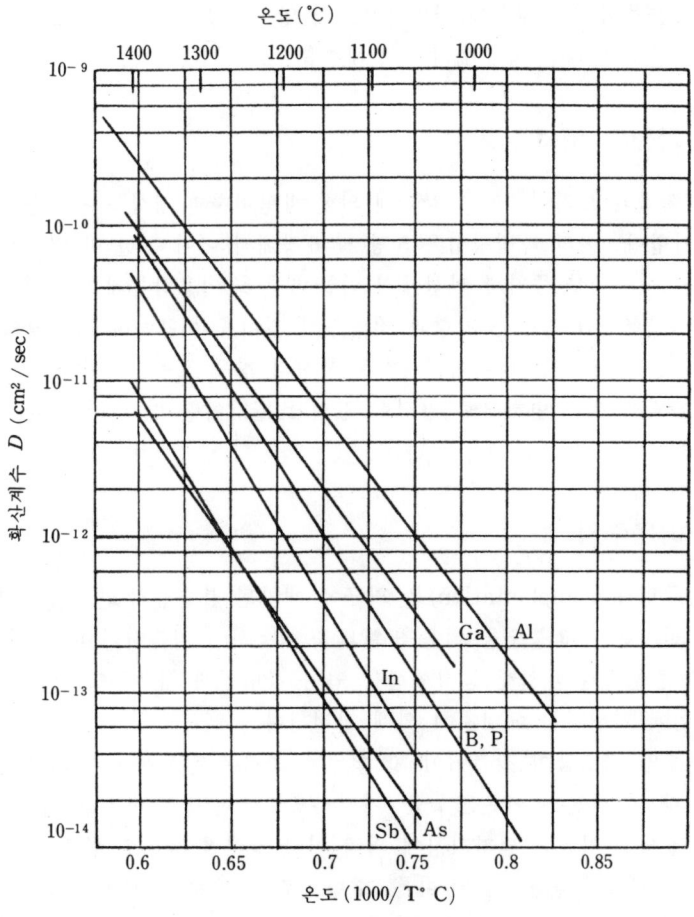

실리콘내 치환 확산제의 확산계수

그림 9-9 실리콘내에서의 치환확산제(substitutional diffusers)의 확산계수

이다 드라이브인 단계에서는 온도, 시간 및 분위기 기체가 주요한 변수인데 이 세 변수의 의해 다음 3가지 사항이 결정된다.

1. 확산의 최종 접합깊이
2. 새로이 확산된 층에 형성된 산화막의 최종 두께
3. 반도체내의 불순물 농도분포

드라이브인 확산에서 얻어지는 상대깊이(relative depth)는 실리콘내에서 특정 불순물의 확산계수를 살펴봄으로서 알 수 있다. 그림 9-9는 실리콘내에서 온도에 따른 불순물의 확산계수를 도시한 것이다.

9-3 확산의 분석

증착확산과 드라이브인은 각각에 의한 박판저항과 접합부 깊이를 측정하여 평가한다. 이의 측정방법은 5장 및 6장에서 이미 논한 바 있으므로 생략한다. 에피택샬 증착과 확산에서 이들 항목을 이용하는데 있어서 유일한 차이점은 확산의 경우는 저항과 접합부의 깊이를 이용하여 확산막의 比抵抗을 구할 수 없다는 점이다. 이것은 확산의 경우 표면으로 부터의 거리에 따라 농도가 계속 변하므로 일정한 값의 比抵抗이란 별 의미를 갖지 못하기 때문이다.

9-4 이온주입

이온주입(ion implantation)은 최근에 개발된 불순물의 반도체 주입방법이다. 이것은 소요불순물 이온을 電場을 이용하여 가속시킨 다음 이를 웨이퍼에 충돌시켜 균일한 증착확산을 얻는 방법인데 이온주입깊이는 불순물 이온에 가해지는 에너지에 의해 결정된다.

이온주입 시스템이 갖추어야 할 첫번째 조건은 필요한 종류의 이온발생 능력이다. 기체원은 이온源들을 가열하므로서 발생된 이온과 함께 사용된다. 발생된 이온은 전자기장에 의해 미리 정해진 각도로 휘게 되며 필요한 이온만을 추출한 다음 이를 電場으로 가속하여 標的웨이퍼(target wafer)를 때리게 하므로서 結晶格子內로 침투하도록 한다. 그림 9-10은 이온주입기의 한 예이다. 도우펀트의 종류가 정해지면 두개의 공정변수에 대

9-4 이온주입

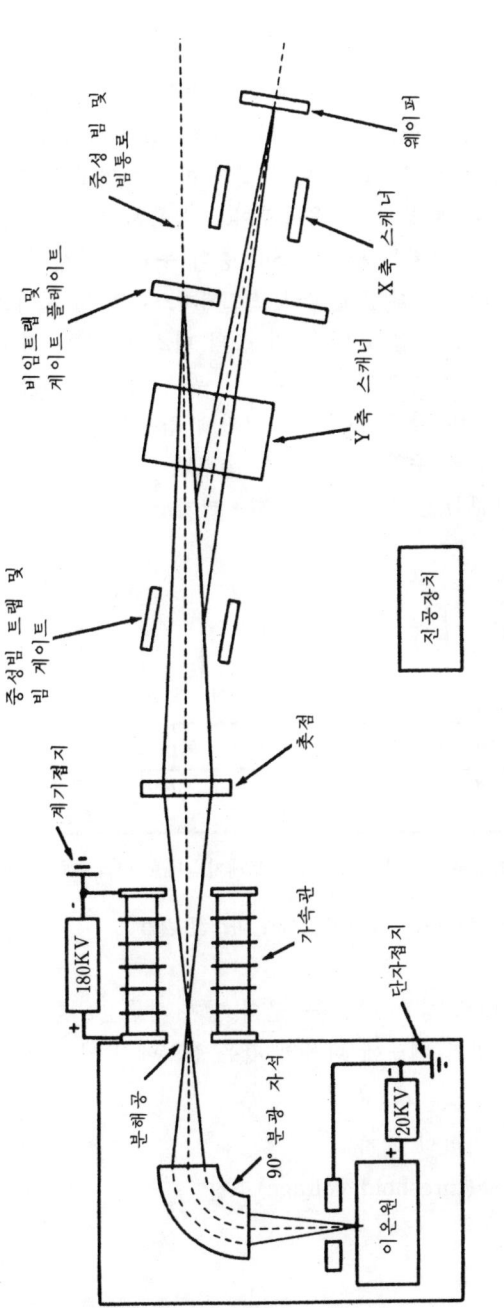

그림 9-10 이온주입장치

한 제어가 가능한데 이 두가지 변수란 단위면적당 이온의 갯수인 도우즈 (dose)와 이온의 에너지이다. 도우즈는 이온이 검출기를 지날 때 이온의 數를 헤아림으로써 조절이 가능하며 에너지는 가속관(acceleration chamber)의 전압을 변화시켜 조절할 수 있다. 이와 같이 이온 주입법은 도우즈와 에너지의 조절이 가능하기 때문에 그 응용분야도 독특하다.

한편 가속된 이온이 주입되는 영역은 SiO_2층의 두께를 두껍게 하거나 때로는 SiO_2층내에서 정의되는 패턴에 따라 포토레지스터를 발라 마스크를 하므로서 선택이 가능하다. 그림 9-11은 각 층의 마스크로서의 작용을 나타내고 있다. 때로는 이온이 주입될 웨이퍼영역 위에 얇은 SiO_2막이 존재하는 수도 있는데 이온은 이 막을 통과하여 기판에 침투한다. 이온주입과 세척공정이 완료되면 이온이 주입된 웨이퍼를 高溫爐에서 처리하여 결정구조 내에서 전기적으로 非活性인 이온을 활성화시키기도 한다.

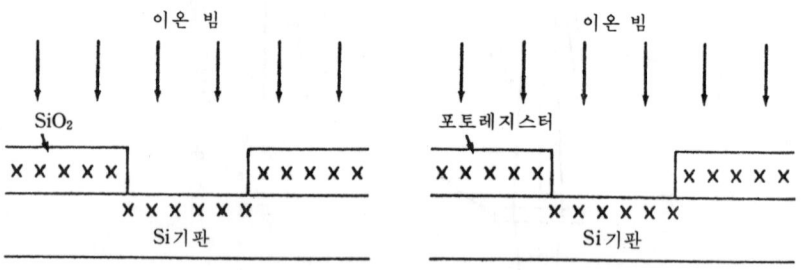

a) SiO_2를 마스크로 이용하는 방법   b) 포토레지스터를 마스크로 이용하는 방법

그림 9-11 이온주입시의 마스킹 방법

이온주입은 반도체내로 침투되는 불순물의 양과 침투깊이를 정확하게 조절할 수 있는 장점이 있기 때문에 다음과 같은 분야에서 널리 이용되고 있다.

1. 고저항이나 정밀저항의 제작
2. FET의 문턱전압(threshold voltage)조절

연 습 문 제

1. 900℃에서 실리콘내의 갈륨(Ga)의 고용도를 구하라.
2. 실리콘내에서 금의 최대고용도를 구하라.
3. 붕소와 갈륨중 어느것의 확산계수가 1100℃에서 더 높은가?
4. 1200℃에서 인의 확산계수를 구하라.
5. 주입이온의 침투깊이를 조절하는 변수는 무엇인가?
6. 증착확산시 웨이퍼 표면에서의 불순물 농도를 결정하는 변수는 무엇인가?
7. 증착확산의 농도분포를 결정하는 변수를 나열하라.
8. 1100℃에서 1시간동안 붕소의 확산을 차단시키기 위해 필요한 산화막의 두께를 구하라.
9. 실리콘 웨이퍼에 도우펀트 불순물을 주입하는 방법을 나열하라.
10. 드라이브인 확산에서 접합깊이를 결정짓는 세가지 변수를 열거하라.
11. 실리콘 웨이퍼에서 확산을 평가하기 위한 두가지 측정 항목을 들어라.
12. 확산으로 인한 비저항의 정확한 측정이 가능한가를 밝히고 그 이유를 설명하라.

10. 불순물 주입 및 재분포 II

10-1 확산의 수학적 해석

증착확산이나 드라이브인 後의 첨가불순물의 농도분포를 해석하는 것은 공정자체보다 더 힘든 일이다. 해석에 관계되는 공식의 유도는 본 書의 범위를 벗어나므로 생략하고 여기서는 결과의 응용만을 취급한다. 우선 증착확산과 드라이브인 단계에 대해 각기 고찰해 보기로 하자.

증착확산

증착확산은 웨이퍼 표면에 소요불순물을 과잉분포시켜 고온확산로에서 수행되는 공정이다. 이러한 조건하에서 웨이퍼 표면에서의 도우펀트 농도를 C_s라 하면 C_s는 증착확산온도에서 도우펀트의 고용도에 대응한다. 이런 조건에서는 균일하며 **再現** 가능한 양의 도우펀트가 결정격자내로 침투하는데 증착확산시 주입되는 불순물의 농도분포는 다음 식을 이용하여 구한다.

$$C_{(x)} = C_s \text{erfc} \frac{x}{\sqrt{4 D_1 t_1}} \tag{10-1}$$

여기서 C_s : 증착확산온도에서 실리콘내의 도우펀트의 고용도(그림 10-1 참조)
$C_{(x)}$: 웨이퍼 침투깊이가 x 일 때의 도우펀트의 농도
x : 웨이퍼 표면으로 부터의 거리
D_1 : 증착확산온도에서 도우펀트의 확산계수(그림 10-2 참조)
t_1 : 웨이퍼를 증착확산시킨 시간

erfc의 정의는 다음과 같다.

$$\text{erfc}(z) = 1 - \text{erf}(z)$$

단, $\text{erf}(z) = \dfrac{2}{\sqrt{\pi}} \displaystyle\int_0^z e^{-\alpha^2} d\alpha$

표 10-1은 erf(z) 도표이다.

(10-1)식의 x 값에 대한 도우펀트 농도는 다음 순서에 의해 구한다.

1. 그림 10-1을 이용하여 증착확산온도하에서 기판내의 도우펀트의 고용도 C_s를 구한다.
2. 그림 10-2를 이용하여 증착확산온도하에서 기판내의 도우펀트의 확산계수 D_1을 구한다.
3. $\sqrt{4D_1t_1}$을 구한다. (단위는 주로 μm를 사용)
4. 도우펀트 농도 계산시에 이용한 x에 대한 $x/\sqrt{4D_1t_1}$을 구한다. 이 값이 곧 z이다.
5. z 값을 이용하여 erfc(z)를 구한다.
6. 침투깊이가 x일 때의 도우펀트 농도는 C_s와 erfc(z)를 곱한 값이다.

한편 기판의 비저항이나 불순물 농도를 알면 (10-1)식을 이용하여 증착확산으로 인한 침투거리 x를 구할 수도 있다. 접합깊이 x_j는 도우펀트농도 $C_{(s)}$가 배경농도(background concentration) C_B와 같을 때의 깊이이다. 따라서 (10-1)식의 x 대신에 x_j, $C_{(x)}$ 대신 C_B를 대입하면 (10-1)식은 다음과 같이 쓸 수 있다.

$$C_B = C_s \text{erfc} \dfrac{x_j}{\sqrt{4D_1t_1}} \tag{10-2}$$

혹은 $\dfrac{C_B}{C_s} = \text{erfc} \dfrac{x_j}{\sqrt{4D_1t_1}}$

접합깊이 x_j는 다음 순서에 따라 구한다.

1. C_B/C_s를 계산한다. 이 값이 곧 erfc(z)이다.
2. erfc 표를 사용하여 erfc(z) = C_B/C_s인 z 값을 구한다.
3. 이때의 z는 $x_j/\sqrt{4D_1t_1}$과 같으므로 $z = x_j/\sqrt{4D_1t_1}$ 즉, $x_j = z\sqrt{4D_1t_1}$
4. 증착확산온도에서의 불순물의 확산계수 D_1과 증착확산시간 t_1을 대입하여 x_j를 구한다.

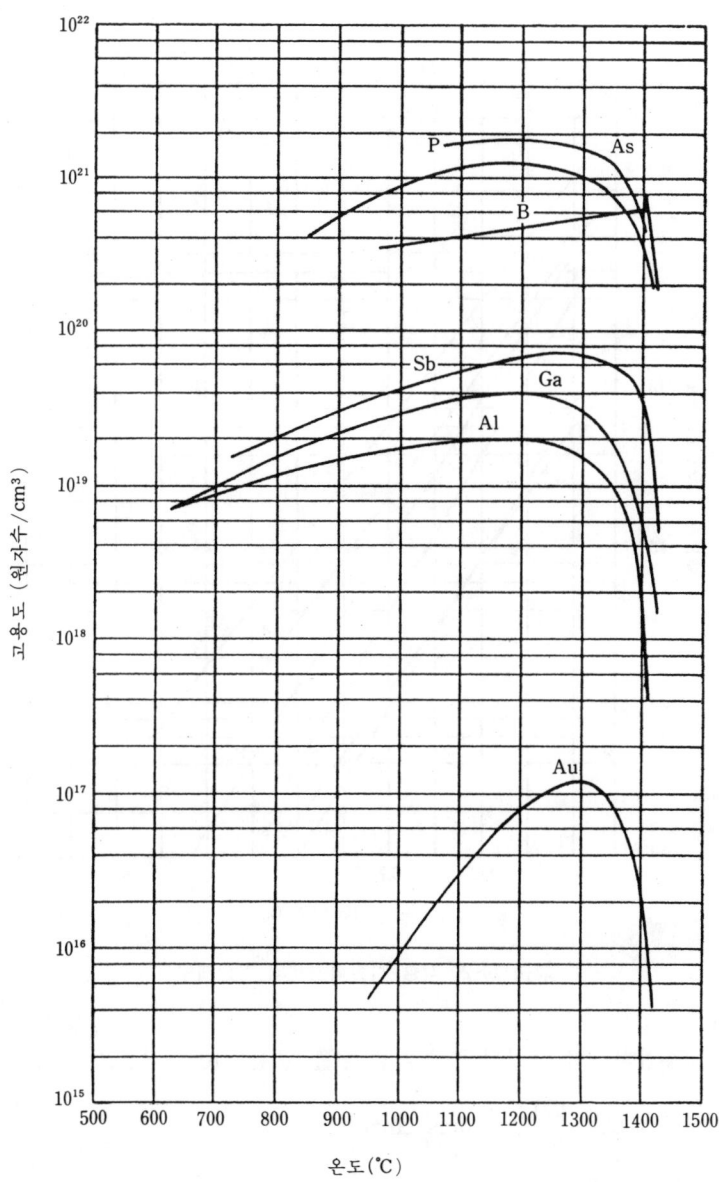

그림 10-1 실리콘내의 불순물의 고용도

98 10. 불순물 주입 및 재분포 II

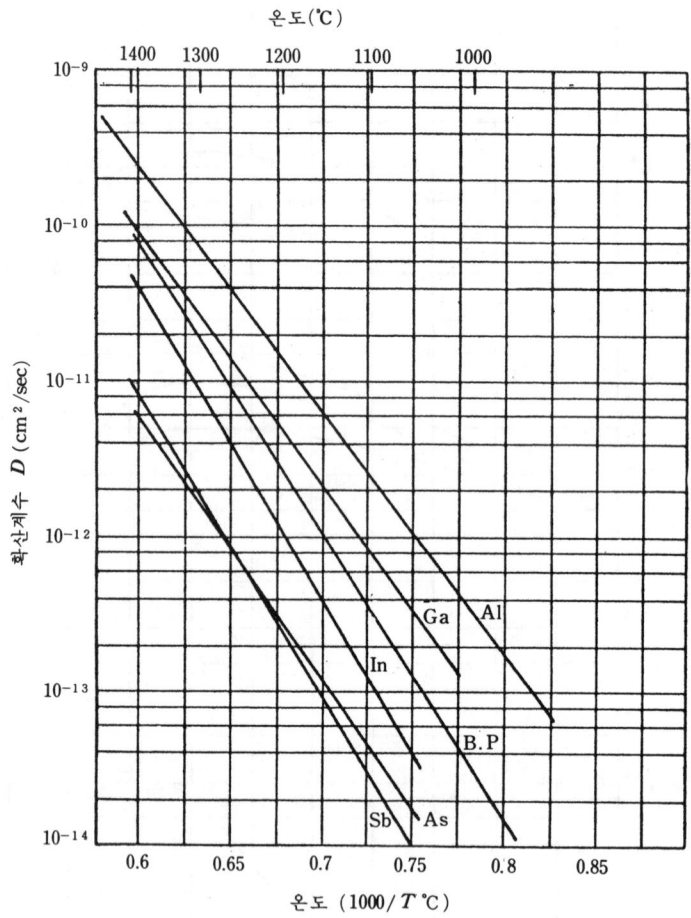

그림 10-2 각종 치환확산제의 확산계수

한편 증착확산시 주입된 불순물의 **總量** Q 는 (10-3)식으로 표현된다.

$$Q = C_s \frac{\sqrt{4 D_1 t_1}}{\pi} \text{ (atoms/cm}^2\text{)} \tag{10-3}$$

여기서 C_s, D_1 및 t_1은 앞서 정의한 바와 같다.

표 10-1 보완오차함수(complementary error function)

Z	erfc(Z)	Z	erfc(Z)	Z	erfc(Z)
0.00	1.00000	0.39	0.581261	0.77	0.276178
0.01	0.988717	0.40	0.571608	0.78	0.269990
0.02	0.977435			0.79	0.263897
0.03	0.966159	0.41	0.562031	0.80	0.257899
0.04	0.954889	0.42	0.552532		
0.05	0.943628	0.43	0.543113	0.81	0.251997
0.06	0.932378	0.44	0.533775	0.82	0.246189
0.07	0.921142	0.45	0.524518	0.83	0.240476
0.08	0.909922	0.46	0.515345	0.84	0.234857
0.09	0.898719	0.47	0.506255	0.85	0.229332
0.10	0.887537	0.48	0.497250	0.86	0.223900
		0.49	0.488332	0.87	0.218560
0.11	0.876377	0.50	0.479500	0.88	0.213313
0.12	0.865242			0.89	0.208157
0.13	0.854133	0.51	0.470756	0.90	0.203092
0.14	0.843053	0.52	0.462101		
0.15	0.832004	0.53	0.453536	0.91	0.198117
0.16	0.820988	0.54	0.445061	0.92	0.193232
0.17	0.810008	0.55	0.436677	0.93	0.188436
0.18	0.799064	0.56	0.428384	0.94	0.183729
0.19	0.788160	0.57	0.420184	0.95	0.179109
0.20	0.777297	0.58	0.412077	0.96	0.174576
		0.59	0.404063	0.97	0.170130
0.21	0.766478	0.60	0.396144	0.98	0.165768
0.22	0.755704			0.99	0.161492
0.23	0.744977	0.61	0.388319	1.00	0.157299
0.24	0.734300	0.62	0.380589		
0.25	0.723674	0.63	0.372954	1.01	0.153190
0.26	0.713100	0.64	0.365414	1.02	0.149162
0.27	0.702582	0.65	0.357971	1.03	0.145216
0.28	0.692120	0.66	0.350623	1.04	0.141350
0.29	0.681716	0.67	0.343372	1.05	0.137564
0.30	0.671373	0.68	0.336218	1.06	0.133856
		0.69	0.329160	1.07	0.130227
0.31	0.661092	0.70	0.322199	1.08	0.126674
0.32	0.650874			1.09	0.123197
0.33	0.640721	0.71	0.315334	1.10	0.119795
0.34	0.630635	0.72	0.308567		
0.35	0.620618	0.73	0.301896	1.11	0.116467
0.36	0.610670	0.74	0.295322	1.12	0.113212
0.37	0.600794	0.75	0.288844	1.13	0.110029
0.38	0.590990	0.76	0.282463	1.14	0.106918

Z	erfc(Z)	Z	erfc(Z)	Z	erfc(Z)
1.15	0.103876	1.57	0.263974D-01	1.99	0.488859D-02
1.16	0.100904	1.58	0.254530D-01	2.00	0.467773D-02
1.17	0.979996D-01	1.59	0.245380D-01		
1.18	0.951626D-01	1.60	0.236516D-01	2.01	0.447515D-02
1.19	0.923917D-01			2.02	0.428055D-02
1.20	0.896860D-01	1.61	0.227932D-01	2.03	0.409365D-02
		1.62	0.219619D-01	2.04	0.391419D-02
1.21	0.870445D-01	1.63	0.211572D-01	2.05	0.374190D-02
1.22	0.844661D-01	1.64	0.203782D-01	2.06	0.357654D-02
1.23	0.819499D-01	1.65	0.196244D-01	2.07	0.341785D-02
1.24	0.794948D-01	1.66	0.188951D-01	2.08	0.326559D-02
1.25	0.770999D-01	1.67	0.181896D-01	2.09	0.311954D-02
1.26	0.747640D-01	1.68	0.175072D-01	2.10	0.297947D-02
1.27	0.724864D-01	1.69	0.168474D-01		
1.28	0.702658D-01	1.70	0.162095D-01	2.11	0.284515D-02
1.29	0.681014D-01			2.12	0.271639D-02
1.30	0.659920D-01	1.71	0.155930D-01	2.13	0.259298D-02
		1.72	0.149972D-01	2.14	0.247471D-02
1.31	0.639369D-01	1.73	0.144215D-01	2.15	0.236139D-02
1.32	0.619348D-01	1.74	0.138654D-01	2.16	0.225285D-02
1.33	0.599850D-01	1.75	0.133283D-01	2.17	0.214889D-02
1.34	0.580863D-01	1.76	0.128097D-01	2.18	0.204935D-02
1.35	0.562378D-01	1.77	0.123091D-01	2.19	0.195406D-02
1.36	0.544386D-01	1.78	0.118258D-01	2.20	0.186285D-02
1.37	0.526876D-01	1.79	0.113594D-01		
1.38	0.509840D-01	1.80	0.109095D-01	2.21	0.177556D-02
1.39	0.493267D-01			2.22	0.169205D-02
1.40	0.477149D-01	1.81	0.104755D-01	2.23	0.161217D-02
		1.82	0.100568D-01	2.24	0.153577D-02
1.41	0.461476D-01	1.83	0.965319D-02	2.25	0.146272D-02
1.42	0.446238D-01	1.84	0.926405D-02	2.26	0.139288D-02
1.43	0.431427D-01	1.85	0.888897D-02	2.27	0.132613D-02
1.44	0.417034D-01	1.86	0.852751D-02	2.28	0.126234D-02
1.45	0.403050D-01	1.87	0.817925D-02	2.29	0.120139D-02
1.46	0.389465D-01	1.88	0.784378D-02	2.30	0.114318D-02
1.47	0.376271D-01	1.89	0.752068D-02		
1.48	0.363459D-01	1.90	0.720957D-02	2.31	0.108758D-02
1.49	0.351021D-01			2.32	0.103449D-02
1.50	0.338949D-01	1.91	0.691006D-02	2.33	0.983805D-03
		1.92	0.662177D-02	2.34	0.935430D-03
1.51	0.327233D-01	1.93	0.634435D-02	2.35	0.889267D-03
1.52	0.315865D-01	1.94	0.607743D-02	2.36	0.845223D-03
1.53	0.304838D-01	1.95	0.582066D-02	2.37	0.803210D-03
1.54	0.294143D-01	1.96	0.557372D-02	2.38	0.763142D-03
1.55	0.283773D-01	1.97	0.533627D-02	2.39	0.724936D-03
1.56	0.273719D-01	1.98	0.510800D-02	2.40	0.688514D-03

10-1 확산의 수학적 해석

Z	erfc(Z)	Z	erfc(Z)	Z	erfc(Z)
2.41	0.653798D-03	2.82	0.666096D-04	3.24	0.460435D-05
2.42	0.620716D-03	2.83	0.627497D-04	3.25	0.430278D-05
2.43	0.589197D-03	2.84	0.591023D-04	3.26	0.402018D-05
2.44	0.559174D-03	2.85	0.556563D-04	3.27	0.375542D-05
2.45	0.530580D-03	2.86	0.524012D-04	3.28	0.350742D-05
2.46	0.503353D-03	2.87	0.493270D-04	3.29	0.327517D-05
2.47	0.477434D-03	2.88	0.464244D-04	3.30	0.305771D-05
2.48	0.452764D-03	2.89	0.436842D-04		
2.49	0.429288D-03	2.90	0.410979D-04	3.31	0.285414D-05
2.50	0.406952D-03			3.32	0.266360D-05
		2.91	0.386573D-04	3.33	0.248531D-05
2.51	0.385705D-03	2.92	0.363547D-04	3.34	0.231850D-05
2.52	0.365499D-03	2.93	0.341828D-04	3.35	0.216248D-05
2.53	0.346286D-03	2.94	0.321344D-04	3.36	0.201656D-05
2.54	0.328021D-03	2.95	0.302030D-04	3.37	0.188013D-05
2.55	0.310660D-03	2.96	0.283823D-04	3.38	0.175259D-05
2.56	0.294163D-03	2.97	0.266662D-04	3.39	0.163338D-05
2.57	0.278489D-03	2.98	0.250491D-04	3.40	0.152199D-05
2.58	0.263600D-03	2.99	0.235256D-04		
2.59	0.249461D-03	3.00	0.220905D-04	3.41	0.141793D-05
2.60	0.236034D-03	3.01	0.207390D-04	3.42	0.132072D-05
		3.02	0.194664D0-4	3.43	0.122994D-05
2.61	0.223289D-03	3.03	0.182684D-04	3.44	0.114518D-05
2.62	0.211191D-03	3.04	0.171409D-04	3.45	0.106605D-05
2.63	0.199711D-03	3.05	0.160798D-04	3.46	0.992201D-06
2.64	0.188819D103	3.06	0.150816D-04	3.47	0.923288D-06
2.65	0.178488D-03	3.07	0.141426D-04	3.48	0.858995D-06
2.66	0.168689D-03	3.08	0.132595D-04	3.49	0.799025D-06
2.67	0.159399D-03	3.09	0.124292D-04	3.50	0.743098D-06
2.68	0.150591D-03	3.10	0.116487D-04		
2.69	0.142243D-03			3.51	0.690952D-06
2.70	0.134333D-03	3.11	0.109150D-04	3.52	0.642341D-06
		3-12	0.102256D-04	3.53	0.597035D-06
2.71	0.126838D-03	3-13	0.957795D-05	3.54	0.554816D-06
2.72	0.119738D-03	3.14	0.896956D-05	3.55	0.515484D-06
2.73	0.113015D-03	3.15	0.839821D-05	3.56	0.478847D-06
2.74	0.106649D-03	3.16	0.786174D-05	3.57	0.444728D-06
2.75	0.100622D-03	3.17	0.735813D-05	3.58	0.412960D-06
2.76	0.949176D-04	3.18	0.688545D-05	3.59	0.383387D-06
2.77	0.895197D-04	3.19	0.644190D-05	3.60	0.355863D-06
2.78	0.844127D-04	3.20	0.602576D-05		
2.79	0.795818D-04			3.61	0.330251D-06
2.80	0.750132D-04	3.21	0.563542D-05	3.62	0.306423D-06
		3.22	0.526935D-05	3.63	0.284259D-06
2.81	0.706933D-04	3.23	0.492612D-05	3.64	0.263647D-06

Z	erfc(Z)	Z	erfc(Z)	Z	erfc(Z)
3.65	0.244483D-06	4.06	0.937269D-08	4.48	0.236302D-09
3.66	0.226667D-06	4.07	0.862073D-08	4.49	0.215568D-09
3.67	0.210109D-06	4.08	0.792756D-08	4.50	0.196616D-09
3.68	0.194723D-06	4.09	0.728870D-08	4.51	0.179295D-09
3.69	0.180429D-06	4.10	0.670003D-08	4.52	0.163467D-09
3.70	0.167151D-06			4.53	0.149008D-09
		4.11	0.615769D-08		
3.71	0.154821D-06	4.12	0.565816D-08	4.54	0.135801D-09
3.72	0.143372D-06	4.13	0.519813D-08	4.55	0.123740D-09
3.73	0.132744D-06	4.14	0.477457D-08	4.56	0.112729D-09
3.74	0.122880D-06	4.15	0.438468D-08	4.57	0.102677D-09
3.75	0.113727D-06	4.16	0.402583D-08	4.58	0.935034D-10
3.76	0.105236D-06	4.17	0.369564D-08	4.59	0.851326D-10
3.77	0.973591D-07	4.18	0.339186D-08	4.60	0.774960D-10
3.78	0.900547D-07	4.19	0.311245D-08	4.61	0.705306D-10
3.79	0.832821D-07	4.20	0.285549D-08	4.62	0.641787D-10
3.80	0.770039D-07			4.63	0.583874D-10
		4.21	0.261924D-08		
3.81	0.711851D-07	4.22	0.240207D-08	4.64	0.531083D-10
3.82	0.657933D-07	4.23	0.220247D-08	4.65	0.482970D-10
3.83	0.607981D-07	4.24	0.201907D-08	4.66	0.439130D-10
3.84	0.561711D-07	4.25	0.185057D-08	4.67	0.399191D-10
3.85	0.518863D-07	4.26	0.169581D-08	4.68	0.362814D-10
3.86	0.479189D-07	4.27	0.155369D-08	4.69	0.329687D-10
3.87	0.442464D-07	4.28	0.142319D-08	4.70	0.299526D-10
3.88	0.408473D-07	4.29	0.130341D-08		
3.89	0.377021D-07	4.30	0.119347D-08	4.71	0.272071D-10
3.90	0.347922D-07			4.72	0.247084D-10
		4.31	0.109259D-08	4.73	0.224348D-10
3.91	0.321007D-07	4.32	0.100005D-08	4.74	0.203664D-10
3.92	0.296117D-07	4.33	0.915161D-09	4.75	0.184850D-10
3.93	0.273103D-07	4.34	0.837317D-09	4.76	0.167742D-10
3.94	0.251829D-07	4.35	0.765944D-09	4.77	0.152187D-10
3.95	0.232167D-07	4.36	0.700518D-09	4.78	0.138048D-10
3.96	0.213999D-07	4.37	0.640556D-09	4.79	0.125198D-10
3.97	0.197214D-07	4.38	0.585612D-09	4.80	0.113521D-10
3.98	0.181710D-07	4.39	0.535276D-09		
3.99	0.167392D-07	4.40	0.489171D-09	4.81	0.102914D-10
4.00	0.154173D-07			4.82	0.932791D-11
		4.41	0.446950D-09	4.83	0.845298D-11
		4.42	0.408293D-09	4.84	0.765861D-11
4.01	0.141969D-07	4.43	0.372906D-09	4.85	0.693754D-11
4.02	0.130707D-07	4.44	0.340520D-09	4.86	0.628312D-11
4.03	0.120314D-07	4.45	0.310886D-09	4.87	0.568932D-11
4.04	0.110726D-07	4.46	0.283775D-09	4.88	0.515062D-11
4.05	0.101882D-07	4.47	0.258978D-09	4.89	0.466202D-11

10-1 확산의 수학적 해석

Z	erfc(Z)	Z	erfc(Z)	Z	erfc(Z)
4.90	0.421893D-11	5.27	0.913067D-13	5.64	0.150951D-14
		5.28	0.820141D-13	5.65	0.134604D-14
4.91	0.381721D-11	5.29	0.736527D-13	5.66	0.120003D-14
4.92	0.345307D-11	5.30	0.661308D-13	5.67	0.106965D-14
4.93	0.312304D-11			5.68	0.953249D-15
4.94	0.282401D-11	5.31	0.593654D-13	5.69	0.849347D-15
4.95	0.255311D-11	5.32	0.532816D-13	5.70	0.756621D-15
4.96	0.230774D-11	5.33	0.478119D-13		
4.97	0.208554D-11	5.34	0.428952D-13	5.71	0.673885D-15
4.98	0.188437D-11	5.35	0.384766D-13	5.72	0.600078D-15
4.99	0.170226D-11	5.36	0.345063D-13	5.73	0.534249D-15
5.00	0.153746D-11	5.37	0.309396D-13	5.74	0.475548D-15
		5.38	0.277362D-13	5.75	0.423213D-15
5.01	0.138834D-11	5.39	0.248595D-13	5.76	0.376564D-15
5.02	0.125343D-11	5.40	0.222768D-13	5.77	0.334990D-15
5.03	0.113141D-11			5.78	0.297948D-15
5.04	0.102107D-11	5.41	0.199585D-13	5.79	0.264949D-15
5.05	0.921310D-12	5.42	0.178779D-13	5.80	0.235559D-15
5.06	0.831132D-12	5.43	0.160110D-13		
5.07	0.749634D-12	5.44	0.143363D-13	5.81	0.209387D-15
5.08	0.675994D-12	5.45	0.128342D-13	5.82	0.186087D-15
5.09	0.609469D-12	5.46	0.114873D-13	5.83	0.165347D-15
5.10	0.549382D-12	5.47	0.102797D-13	5.84	0.146889D-15
		5.48	0.919719D-14	5.85	0.130466D-15
5.11	0.495122D-12	5.49	0.822708D-14	5.86	0.115856D-15
5.12	0.446133D-12	5.50	0.735785D-14	5.87	0.102862D-15
5.13	0.401912D-12			5.88	0.913078D-16
5.14	0.362004D-12	5.51	0.657916D-14	5.89	0.810352D-16
5.15	0.325994D-12	5.52	0.588172D-14	5.90	0.719040D-16
5.16	0.293508D-12	5.53	0.525717D-14		
5.17	0.264208D-12	5.54	0.469802D-14	5.91	0.637892D-16
5.18	0.237786D-12	5.55	0.419751D-14	5.92	0.565791D-16
5.19	0.213964D-12	5.56	0.374959D-14	5.93	0.501740D-16
5.20	0.192491D-12	5.57	0.334880D-14	5.94	0.444852D-16
		5.58	0.299027D-14	5.95	0.394336D-16
5.21	0.173138D-12	5.59	0.266959D-14	5.96	0.349488D-16
5.22	0.155701D-12	5.60	0.238284D-14	5.97	0.309679D-16
5.23	0.139992D-12			5.98	0.274350D-16
5.24	0.125844D-12	5.61	0.212646D-14	5.99	0.243004D-16
5.25	0.113103D-12	5.62	0.189730D-14		
5.26	0.101632D-12	5.63	0.169250D-14		

드라이브인

증착확산은 정확한 양의 불순물을 결정격자내로 주입시키기는 하지만 접합깊이 및 농도분포가 반도체 소자 제작에는 부적합한 경우가 있어서 최종 접합깊이 및 불순물 농도분포는 드라이브인 공정에 의해 결정된다. 드라이브인은 증착확산후에 웨이퍼 표면에 남아있는 과잉도우펀트를 부식시켜 제거한 후 고온확산로내에서 수행한다.

증착확산의 결과 불순물 농도분포가 좁고 긴 사각형으로 나타날 때 (이를 델타함수라고도 한다) 드라이브인에 의한 도우펀트 농도분포는 (10-4)식과 같다.

$$C_{(x)} = \left(\frac{Q}{\sqrt{4 D_2 t_2}}\right) e^{-x^2/(4 D_2 t_2)} \tag{10-4}$$

여기서 $C_{(x)}$: 표면으로 부터의 거리가 x 인 점의 도우펀트 농도
         Q : 증착확산시 결정내의 주입된 도우펀트량((10-3) 식)
         D_2 : 드라이브인 온도에서 도우펀트의 확산계수
         t_2 : 드라이브인 시간
         e : 상수=2.71828
         x : 웨이퍼 침투깊이

(10-4)식은 대부분의 증착확산에 적용이 가능하며 (10-4)식을 이용하여 표면으로 부터의 거리가 x 일 때 도우펀트 농도를 구하는 방법은 다음과 같다.

1. 증착확산 조건에 의해 Q 를 구한다.
2. 드라이브인 조건으로 부터 D_2 와 t_2 를 구한다.
3. $Q/\sqrt{\pi D_2 t_2}$ 및 $1/(4 D_2 t_2)$ 를 구한다.
4. 주어진 값 x 에 대해 $e^{-(x^2)/(4 D_2 t_2)}$ 를 계산한다.
5. $C_{(x)}$ 를 구한다.

(10-4)식은 기판의 배경농도 C_B 를 알 때 드라이브인의 결과에 따른 접합깊이를 구하는 데도 이용할 수 있다. 증착확산의 경우와 마찬가지로 접합깊이 x_j 는 배경농도가 도우펀트 농도와 같을 때의 깊이 x 이므로 이를 代入하면 (10-4)식은 다음과 같이 쓸 수 있다.

$$C_B = \left(\frac{Q}{\sqrt{4 D_2 t_2}}\right) e^{-(x_j)^2/(4 D_2 t_2)}$$

혹은

$$\frac{C_B \sqrt{\pi D_2 t_2}}{Q} = e^{-(x_j)^2/(4 D_2 t_2)} \tag{10-5}$$

x_j는 다음 순서로 구한다.

1. (10-5)식의 좌변항인 $C_B\sqrt{\pi D_2 t_2}/Q$ 를 구한다.
2. $e^{-W} = \dfrac{C_B \sqrt{\pi D_2 t_2}}{Q}$ 로 놓고 W를 구한다.
3. $W = x_j^2/(4D_2 t_2)$ 이므로 $x_j = \sqrt{4 D_2 t_2 W}$

예제) 지금까지의 식을 이용하여 증착확산 및 드라이브인에 대한 예를 들어보기로 하자.

A. 증착확산 : 인(P)을 과잉으로 하여 975℃에서 30분간 실리콘 웨이퍼에 증착확산을 하였다.

1. 인의 농도를 깊이에 의해 구하면
    a. 그림 10-1로 부터 $C_s = 8 \times 10^{20}$ atoms/cm³
    b. 그림 10-2로 부터 $D_1 = 1.7 \times 10^{-14}$ cm²/sec
    c. $t_1 = 30$ 분 $= 1800$ 초 따라서
    $$\sqrt{4 D_1 t_1} = \sqrt{4(1.7 \times 10^{-14})(1800)} = \sqrt{1.22 \times 10^{-10} \text{cm}^2}$$
    $$= 1.106 \times 10^{-5} \text{cm}$$
    1.106×10^{-5} cm $= .1106\,\mu \approx .11\,\mu$ 이므로
    $$C_{(x)} = C_s \text{erfc}\left(\frac{x}{\sqrt{4 D_1 t_1}}\right)$$
    $$= C_s \text{erfc}\left(\frac{x}{.11\,\mu}\right)$$
    $$= C_s \text{erfc}(z)$$

    표 10-2로 부터 z, erfc(z) 및 $C_{(x)}$를 구하면 증착확산에 의한 도우펀트 분포는 그림 10-3과 같다.

2. 접합깊이는 n형에서 p형 실리콘으로 바뀌는 점으로 부터 구해진다. 증착확산을 시킨 웨이퍼가 3 Ω-cm, p 형이었다면 접합깊이는 그

표 10-2 A의 답

x	Z	erfc(Z)	$C(x)$
0	0	1	8×10^{20}/cm³
.1μ	.9042	.20	1.6×10^{20}/cm³
.2μ	1.8083	.010	8×10^{18}/cm³
.3μ	2.7125	1.23×10^{-4}	9.8×10^{16}/cm³
.4μ	3.6166	3.1×10^{-7}	2.48×10^{14}/cm³
.5μ	4.5208	1.6×10^{-10}	1.28×10^{11}/cm³

림 10-3으로 부터 구할 수도 있고 방정식을 풀어 구할 수도 있다. 3 Ω-cm p 형 기판은 배경농도 C_B가 10^{17}atoms/cm³와 같으므로 그림 10-3에서 C_B가 10^{17}atoms/cm³일 때의 접합깊이를 구하면 약 0.3 μm이다.

이번에는 이를 계산에 의해 구해 보기로 한다.

$$C_B = C_s \text{erfc}(\frac{x_j}{\sqrt{4 D_1 t_1}}) \quad C_B = 10^{17} \text{ atoms/cm}^3$$

$$\text{erfc}(\frac{x_j}{.1106}) = C_B/C_s = 10^{17}/8 \times 10^{20} = 1.25 \times 10^{-4}$$

따라서 표 10-1로 부터 $x_j/.1106 = 2.71$ 이므로

$$x_j = (.1106)(2.71) \cong 0.3 \text{ μm}$$

3. 단위면적당 웨이퍼내로 주입된 도우펀트의 전체량은 (10-3)식에 의해 구해진다.

$$Q = C_s \sqrt{\frac{4 D_1 t_1}{\pi}}$$

$$= (8 \times 10^{20}) \sqrt{\frac{.1106}{\pi}} \text{ atoms/cm}^2$$

$$Q = 5 \times 10^{15} \text{atoms/cm}^2$$

10-1 확산의 수학적 해석 **107**

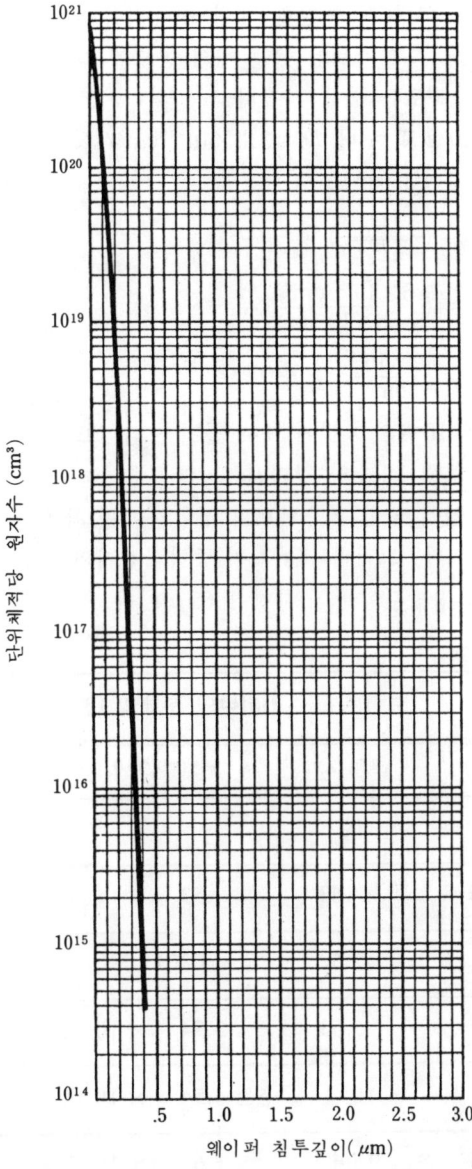

그림 10-3 증착확산후의 실리콘내의 인의 분포

B. 드라이브인 : A 항과 동일한 웨이퍼를 사용하여 1100℃에서 50분간 드라이브인 했을 때의 농도를 깊이의 함수로 나타내라.
1. 도우펀트 분포는 다음과 같다.
   a. 그림 10-2 로 부터 $D_2 = 3.3 \times 10^{-13} cm^2/sec$
   b. $t_2 = 50$ 분 $= 3,000$ 초

   따라서 $C_{(x)} = (\frac{Q}{\sqrt{\pi D_2 t_2}}) \ e^{-x^2/(4D_2 t_2)}$

   $= (\frac{5 \times 10^{15}/cm^2}{5.58 \times 10^{-5} cm}) \ e^{-(x^2)/(4D_2 t_2)}$

   $= (\frac{9 \times 10^{19}}{cm^3}) \ e^{-x^2/(4D_2 t_2)}$

   이 식을 표 10-3 의 x 값에 대해 풀면 드라이브인에 의한 도우펀트 농도분포는 그림 10-4 와 같다.
2. 드라이브인에 의한 도우펀트의 접합깊이는 최초 웨이퍼의 比抵抗에 의해 결정된다. 그러나 웨이퍼가 증착확산시와 동일하므로 그림 10-4 에서 바로 접합깊이를 구하면 1.65μ 이다.

표 10-3 드라이브인 문제의 답

$x(\mu)$	$x^2(\mu)$	$x^2/4D_2 t_2$	$e^{-(x^2)/(4D_2 t_2)}$	$C(x)(/cm^3)$
0	0	0	1	9×10^{19}
.5	.25	.63	.53	4.77×10^{19}
1.0	1.0	2.5	.0821	7.34×10^{18}
1.5	2.25	5.63	3.54×10^{-3}	3.23×10^{17}
2.0	4.0	10	4.54×10^{-5}	4.05×10^{15}
2.5	6.25	15.6	1.6×10^{-7}	1.48×10^{13}
3.0	9.0	22.5	1.69×10^{-10}	1.52×10^{10}

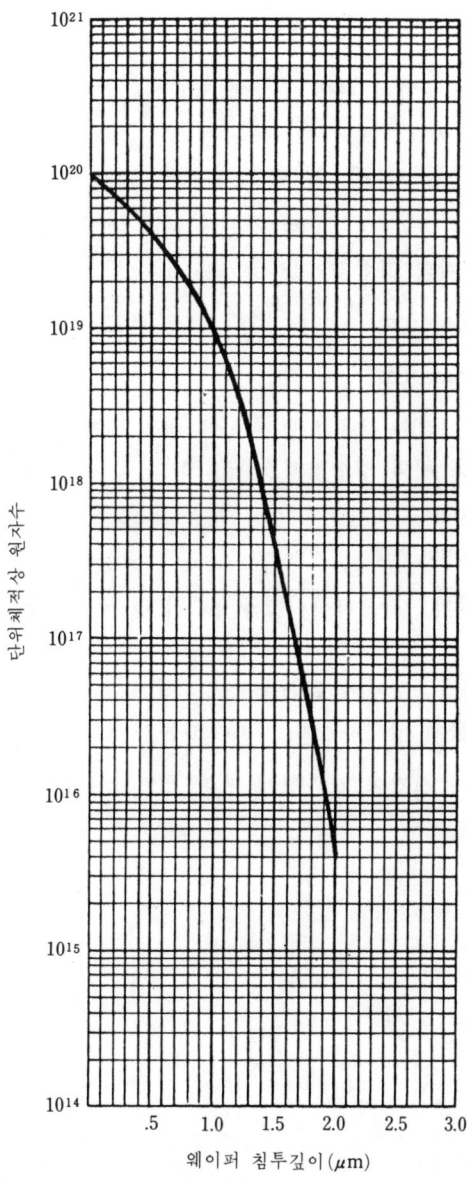

그림 10-4 드라이브인 확산후, 실리콘내의 인의 분포

연 습 문 제

1. 표 10-1을 이용하여 다음 문항에 답하라.
   a. 4.53에 대한 *erfc*
   b. *erfc* 가 3.57654×10^{-3}인 數를 구하라.

2. 도핑농도가 아래와 같은 p형 기판에 대해 예제와 동일한 조건으로 증착확산을 했을 때의 접합깊이를 구하라.
   a. $5\times10^{16}\,\text{atoms/cm}^3$
   b. $5\times10^{19}\,\text{atoms/cm}^3$

3. 도핑농도가 아래와 같은 p형 기판에 대해 예제와 동일한 조건으로 드라이브인을 했을 때의 접합깊이를 구하라.
   a. $5\times10^{16}\,\text{atoms/cm}^3$
   b. $5\times10^{19}\,\text{atoms/cm}^3$

4. 2, 3번 문항과 같이 확산시켰을 때 각 경우의 불순물 농도분포곡선을 도시하라.

5. 일반적인 확산공정에서 表面比抵抗(4점 프로브로 측정했을 때)은 증착확산의 最初量에 비례하는가 반비례하는가 또 그 이유는 무엇인가?

6. 증착확산시에 시간이 경과함에 따라 표면 比抵抗은 증가하는가 감소하는가? 또 그 이유는 무엇인가?

11. 포토 마스킹

11-1 서 론

포토마스킹은 두단계로 구분할 수 있으며 반도체 웨이퍼 표면에 **影象**(image)을 정확히 전달하기 위해서는 아래에 명시한 두단계가 필수적이다.

1. 웨이퍼로 전달되는 영상마스크의 형성
2. 감광막(photoresist)이라 불리는 **感層**을 이용하여 마스크의 영상을 웨이퍼 표면에 옮기는 공정

이제부터 위의 두 공정을 고찰해 보기로 한다.

11-2 포토마스크의 형성

집적회로 제작의 첫번째 단계는 시험회로 즉, 시험용 브레드보드(bread board)를 만드는 일이다. 브레드보드는 **離散素子**와 여러 회로의 부품을 연결하여 제작된다. 일단 완성된 브레드보드는 온도, 전원전압 및 기타 변수를 변화시키면서 광범위한 시험을 실시하여 동작특성을 결정한다. 브레드보드의 시험이 완료되면 이때부터 여러층의 포토마스크에 대한 이동(translation)이 시작된다.

집적회로는 화학**蒸着**, 에피택샬, 증착확산 및 드라이브인 혹은 연속적인 영상이동간의 금속막증착(metallization)과 같은 공정을 수행하는 동시에 웨이퍼 **前面**에 영상을 순차적으로 이동시켜 제작한다. 그림 11-1은 7단계 마스크(seven-mask)공정중 각 단계에서 웨이퍼로 전달되는 마스크를 나타낸 것이다.

11. 포토 마스킹

마스크 배치는 회로 구성을 최종적인 소자 배치에 맞추는 일로 아래와 같이 세단계로 나누어 진다.

1. 회로상의 모든 소자를 도형으로 표시한다.
2. 각 소자의 점유면적을 최소로 하여 소자와 소자 및 소자와 외부와의 연결을 가능한 쉽게 배치한다.
3. 차후 공정을 위해 앞서 구성한 복잡한 도안을 여러개로 나눈다.

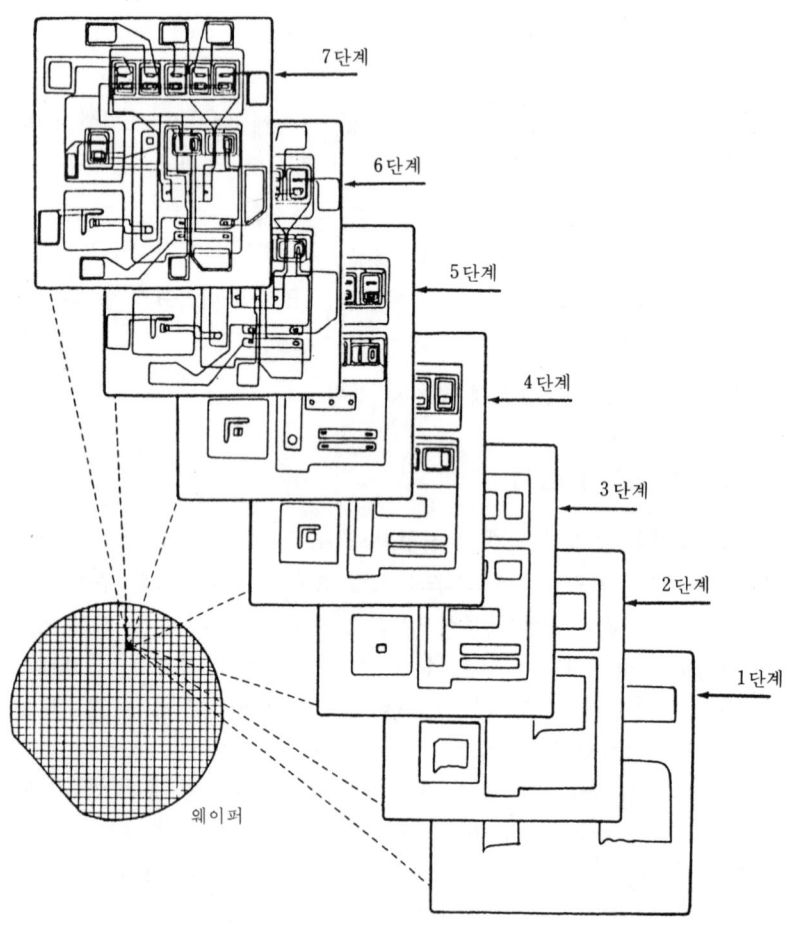

그림 11-1 7단계마스크 공정중 웨이퍼로 전달되는 層

11-2 포토마스크의 형성   113

위의 세 공정은 컴퓨터제어 제도판이나 기타 기기를 이용하면 자동화도 가능하지만 자동화는 설계에만 국한되며 배치는 기기운용자가 직접 하는 수 밖에 없다. 이 세 단계가 끝나면 실제 마스크 제작이 시작된다.

앞서 제작한 여러장의 도면을 복사한 다음 이를 실제 크기의 1/10로 사진찍는다. 전진反復(step-and-repeat)사진기와 10×板을 이용하면 영상의 행과 열이 나타나는데 이를 마스터(master)라 불리는 유리판에 옮긴다. 이와 같은 방법으로 각 도면의 마스터판을 제작한다. 마스터판의 제작이 끝나면 마스터판을 이용하여 부마스터(submaster)를 제작하는데 이때도 感光유리판(photosensitized glass plate)을 이용한다. 최종적으로 각 부마스터의 작업판(working plate)을 감광유리판으로 제작하는데 실제 반도체 표면으로 영상전달시에는 작업판이 이용된다.

마스크 제작의 모든 단계에서 사용되는 유리판은 감광유제로 덮여 있고 유제는 긁힘과 인열(tear)에 약하므로 크롬, 실리콘이나 산화철을 포함하는 물질을 유제로 사용하기도 한다. 이러한 물질은 모두가 유제마스크 보다는 마모에 강한 장점은 있지만 高價인 단점도 있다.

산화철과 실리콘마스크는 마스크 배열에 이용되는 黃色光은 투과시키는 반면 노출시 사용하는 强자외선에는 불투명한 또 하나의 장점이 있다. 그러나 육안으로 보아서는 어느것이든 그림 11-2 와 같이 투명한 부분과 불투명한 부분이 번갈아 배열된 유리판으로 보인다.

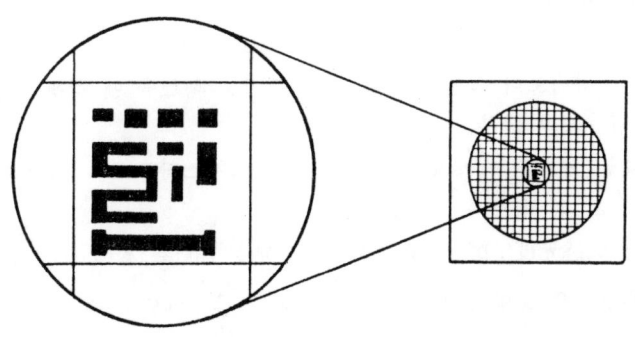

그림 11-2 작업판 마스크

11-3 寫真石版(photolithography)

사진석판공정(photolithography)은 포토레지스터(感光膜이라고도 한다)라 불리는 감광물질을 이용하여 마스크의 영상을 웨이퍼로 옮기는 과정이다. 포토레지스터는 溶劑內에서 懸濁液 狀態로 존재하는 감광물질이다. 사진석판공정에서 사용되는 감광물질은 수은, 아크 등이 發하는 강한 靑紫色 光에는 반응을 나타내지만 어두운 방이나 감광막 영역에서 널리 사용되는 赤色이나 黃色光에는 반응을 나타내지 않는 것이 이용된다. 이러한 감광막은 크게 두가지 부류로 구분할 수 있다.

1. 光硬化 레지스터(light-hardened resist) : 노출공정시의 빛이 감광막을 硬化 혹은 重合(polymerize)시키는 것으로 음성 레지스터(negative resist)라 불린다.
2. 光軟化 레지스터(light-softened resist) : 노출공정시의 빛이 감광막을 軟化 혹은 解重合(depolymerize)시키는 것으로 양성 레지스터(positive resist)라 불린다.

어떤 레지스터든 경우에 따른 사용상의 제약은 없지만 상황에 유리한 쪽을 선택해 사용한다. 감광막은 다음과 같은 4가지 변수에 의해 그 특성이 결정된다.

1. 접착(adhesion) : 乾燥후, 레지스터 영상의 가장자리 부분에 나타나는 橫부식(lateral etch)의 정도
2. 부식저항(etch resistance) : 감광막으로 완전히 덮힌 산화 웨이퍼에 대해 정상시보다 훨씬 긴시간 동안 부식을 행했을 때 감광막에 항복이 일어나는지의 여부.
3. 분해능(分解能 : resolution) : 영상이 레지스터층으로 옮겨지기 위한 막대(bar)의 최소폭
4. 감광도(感光度 : photoresistivity) : 强度가 다른 빛에 대한 絕對반응.

위의 사항들은 균일한 품질유지를 위해 기업에서도 자주 실시하는 시험이다. 이용자들도 각 로트(lot)에 대해 必히 이에대한 시험을 실시하여 감광막의 質을 검사해야만 한다.

포토레지스터 배치(batch)내의 溶劑量은 감광막의 두께와 粘性을 결정하

는 인자로서 레지스터의 점성이 강할수록 流動性이 적다. 꿀은 물보다 점성이 더 큰 물질이므로 물보다 늦게 퍼지는 것과 같은 원리이다. 감광막의 점성은 그 단위가 centipoise 혹은 centistoke 이다. 이 두 단위는 밀접한 관계가 있기는 하지만 같지는 않으며 현재 이용되고 있는 감광막의 점성은 28~60 centipoise 로 流動性은 시럽(syrup)과 거의 같다.

  사진석판공정은 사용하는 감광막과 감광막이 적용되는 층의 종류에 관계없이 아래에 명시된 단계를 따라 순차적으로 이루어진다.

기본 감광막 공정

1. 기판처리 : 산화, CVD 등
2. 표면처리 : 세척, 탈수소, 프라임(prime) 등
3. 레지스터 적용 : 회전(spin), 분무(spray), 로울(roll) 液浸(dip) 등
4. 저온건조(soft-bake) : 저온에서 레지스터를 건조
5. 노출 : 레지스터를 배열하고 노출시켜 선택적으로 重合시킨다.
6. 현상 : 解重合된 레지스터를 용해시킨다.
7. 육안검사(현상확인) : 감광막에 영상이 정확히 옮겨졌는가 확인한다.
8. 고온건조(hard-bake) : 고온에서 레지스터를 완전히 건조하여 重合시킨다.
9. 부식 : 산화물, 금속 등
10. 레지스터 제거 : 유기화합물, 애셔(asher) 혹은 산으로 레지스터를 제거한다.
11. 육안검사(최종검사) : 영상이 감광막에 정확히 옮겨졌나를 확인

  기판의 표면처리는 기판이 거친 최후공정에 따라 달라진다. 즉, 확산로나 산화로 혹은 금속증착기에서 바로 꺼집어낸 웨이퍼의 경우에는 표면처리 공정이 필요없다. 그러나 질화규소(silicon nitride)나 다결정 실리콘과 같이 표면처리를 필요로 하는 경우도 있다. 질화규소나 다결정 실리콘의 일반적인 산화기법은 7장에서 언급한 바와 같다. 이 외에 자주 이용되는 기법으로는 프라이밍(priming)이 있는데 프라이밍 용액을 이용하면 감광막의 표면 접착성이 증가한다. 프라이머는 프라이밍 용액에 기판을 담그거나 용액을 웨이퍼 표면에 분무 혹은 프라이밍 증기를 채운 기체를 웨이퍼 표면 위를 통과시켜 바른다. 어떤 종류의 프라이머는 감광막을 입히기

11. 포토 마스킹

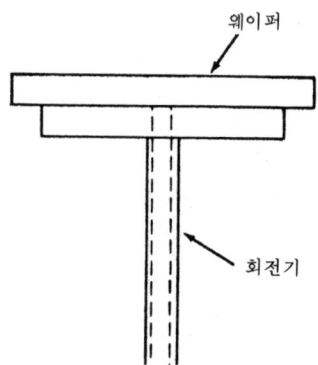

그림 11-3 웨이퍼가 놓여진 회전기의 단면도

에 앞서 기판을 건조시켜야 하는 것도 있다.

　감광막을 적용하는 방법에는 액침, 분사, 브라싱(brushing), 로울러법 등 여러가지가 있으나 반도체 소자 제작에 가장 적합한 것은 회전기(spinner)를 이용하는 것이다. 그림 11-3 은 웨이퍼가 놓인 회전기의 단면을 나타낸 것이다. 회전기는 끝에 달린 웨이퍼 지지대와 회전축으로 구성되며 회전기가 동작중에는 진공상태로 되어 웨이퍼가 지지대에서 떨어지지 않도록 되어 있다. 일정량의 감광막이 웨이퍼 중심에 떨어지면 웨이퍼가 회전하고 따라고 감광막이 바깥쪽으로 이동하여 웨이퍼 전체에 균일하게 塗布 된다. 감광막의 양이 너무 많은 경우에는 회전에 의해 과잉감광막은 웨이퍼 밖으로 떨어지게 된다. 이 때 도포된 감광막의 두께는 회전속도와 감광막의 점성에 의해 결정된다. 그림 11-4 는 점성이 각기 다른 레지스터에 대한 감광막의 두께와 회전속도의 함수관계를 나타낸 것이다.

　균일한 도포막을 얻기 위한 최대 회전속도 및 최저 회전속도는 감광막의 종류에 따라 다르다. 회전속도가 너무 느리면 과잉레지스터로 인해 가장자리가 방울형태를 띄게 되고 회전속도가 지나치게 빠르면 레지스터內 溶劑가 不均一하게 기화하여 균일한 도포막을 얻을 수 없다.

　도포막이 형성된 후에는 저온에서 건조시켜 레지스터로 부터 과잉용제를 제거해야 하는데 두가지 방법이 널리 쓰이고 있다.

　1. 溫氣강제순환법 : 따뜻한 공기를 강제순환시켜 레지스터로 부터 과잉

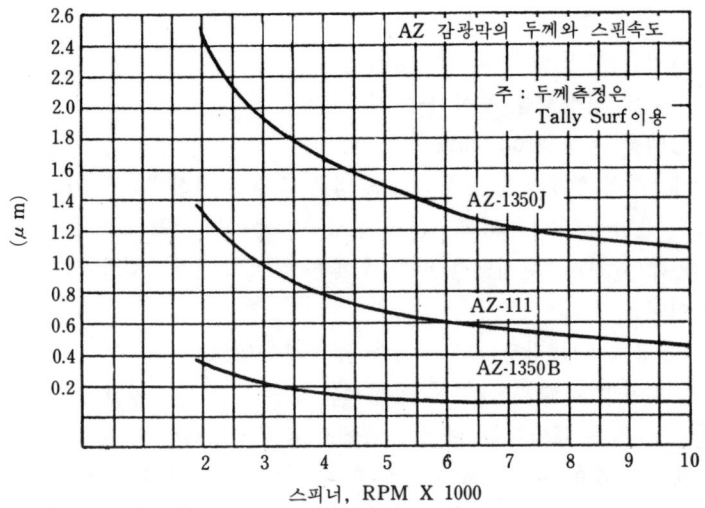

그림 11-4 감광막의 두께와 회전속도

용제를 제거한다.
2. **적외선(IR)法** : 특수 적외선 전구로 웨이퍼를 가열하여 과잉용제를 기화시키는 방법

온도와 시간은 중요한 공정변수인데 너무 낮은 온도에서 건조하면 장시간이 소요되고 지나치게 높은 온도에서 건조하면 웨이퍼 아래쪽에는 완전히 건조가 되지 않아 용제가 남아있는 상태에서 도포막이 형성되므로 감광막 표면에 주름이 나타나게 된다.

저온건조후에는 웨이퍼를 충분한 시간동안 냉각시킨 다음 배열단계로 들어간다. 배열공정은 정밀 광학장비나 기계장치를 이용하여 마스크나 웨이퍼를 밀착시킨 다음 마스크의 영상을 도포막이 입혀진 웨이퍼에 미리 형성되어 있는 패턴에 맞추어 배열하는 과정이다. 첫번째 마스크의 경우는 배열이 필요 없으나 나머지 모든 경우는 정밀조정장치를 갖춘 현미경을 이용하여 웨이퍼를 마스크에 맞추어 배열한다. 배열이 끝나면 **高强度** 수은아크 **光源**을 마스크에 비추어 마스크의 불투명한 부분에 의해 가려지지 않은 감광막을 노출시킨다.

노출과정이 완료되면 곧 바로 현상으로 들어가 **解重合**된 부분의 감광막

을 용해시킨다. 현상시에 현상액을 웨이퍼에 塗布하는 방법에는
1) 웨이퍼를 현상액에 담구는 방법
2) 웨이퍼에 현상액을 분사하는 법
3) 현상액을 분무(atomizing)하는 법

등이 있다. 특히 현상액을 분무하는 방법은 소량의 현상액으로 가능하기 때문에 많은 분야에서 이용되고 있다. 현상단계에서는 감광막의 끝부분이 예리하도록 해야 하며 현생액을 바른 후에는 린스로 잔류물질을 제거하는 것이 보통이다.

사진석판공정에서 감광막의 영상을 검사하는 것은 바로 이 시점인데 현상검사로 감광막의 質과 배열이 특정소자에 적합한가를 확인한다. 육안검사를 통과한 모든 웨이퍼는 다시 고온에서 건조되는데 고온건조에 의해 감광막과 웨이퍼 표면의 접착도가 향상되며 저온건조시 보다 더 많은 양의 용제가 기화된다. 고온건조시에 고려해야 할 사항 및 사용장비의 형태는 저온건조시와 동일하다. 일반적으로 고온건조시의 온도는 저온건조시 보다 높지만 건조횟수는 비슷하다.

고온건조가 끝난 후에는 가장 중요한 단계인 부식공정으로 들어가게 된다. 가장 일반적인 부식법은 적정온도의 부식액내에 웨이퍼를 담그는 방법이다. 부식시간은 부식률에 대한 경험을 바탕으로 공정 담당자에 의해 결정된다. 보호막이 형성되지 않은 부분이 완전히 부식되면 다음 공정으로 들어간다. 한편 웨이퍼는 부식액에 다시 담구어 잔류 오염물질을 제거한

표 11-1 반도체 공정에 사용되는 물질 및 부식용액

재 질	부 식 용 액
SiO_2	HF, $NH_4 F$ (buffered oxide etch)
aluminum Al	인산, 초산, 질산
다결정 실리콘	HF, HNO_3, 초산, KOH
질화규소 ($Si_3 N_4$)	인산

다. 표 11-1은 반도체 공정에서 널리 이용되는 물질과 각 물질에 적합한 부식용액을 나타낸 것이다.

부식기법중 가장 많이 이용되고 있는 것은 플라즈마 부식(plasma etching)이다. 플라즈마 부식이란 감광막을 입힌 웨이퍼를 반응로에 넣고 진공상태로 한 다음 소량의 반응기체를 반응로 내로 유입시키면서 전자기장을 인가하여 감광막이 입혀지지 않은 층을 부식시키는 기법이다. 이 방법은 현재로서는 여러가지 문제점이 있지만 앞으로는 응용범위가 넓어질 것으로 생각된다. 그림 11-5는 플라즈마 부식장비의 한 예이다.

부식공정이 완료되면 감광막을 제거한 다음 최종검사를 수행한다. 감광막은 용매중에서 용해시키는 방법, **熱酸槽(hot-acid bath)** 내에서 화학적으로 제거하는 방법, 플라즈마 기법을 사용하여 감광막을 산화시켜 제거하는 방법 등이 있다. 특히 먼저 서술한 두가지 방법은 현재까지의 실험에 의해

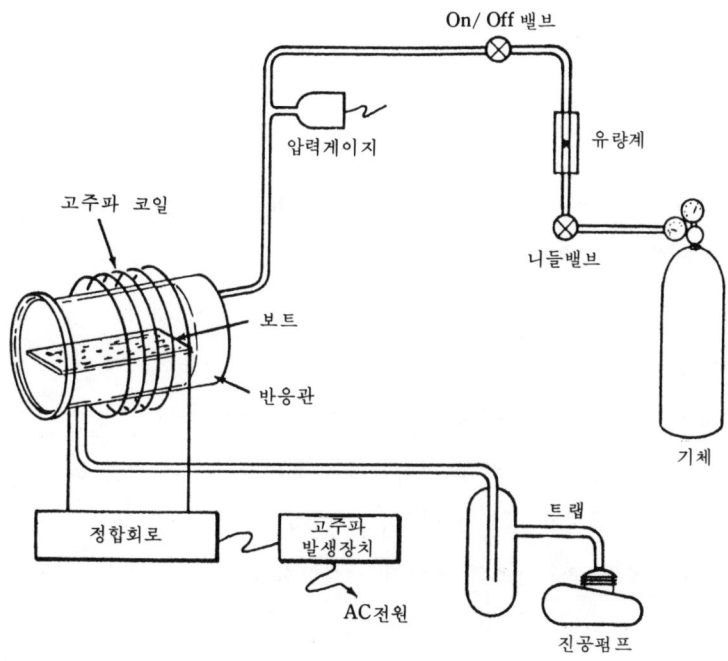

그림 11-5 플라즈마 부식장치

성공율이 증명된 바 있어 널리 사용되고 있다. 다음 공정으로 넘어가기에 앞서 웨이퍼는 반드시 최종검사를 거쳐야 하며 일정기준을 만족하지 못하는 웨이퍼는 조치가 필요한 공정을 재차 수행하든지 폐기하고 합격한 웨이퍼만을 다음 공정으로 넘긴다.

연 습 문 제

1. 陽性 감광막을 사용한 공정시에 현상이 끝났을 때 마스크의 불투명한 부분에 의해 보호된 영역이 남아 있는가?
2. 그림 11-3을 이용하여 아래 문항에 답하라.
   a. 두께 1.6μ 인 AZ-1350 J 레지스터막을 얻기 위해서는 회전속도를 얼마로 해야 하는가?
   b. AZ-111 레지스터를 분당 6000회의 속도로 회전시켰을 때 막의 두께를 구하라.
3. A 액체의 유동속도가 B 액체보다 늦다고 할 때 어느쪽의 점성이 큰가?
4. 두가지 건조방법을 열거하고 설명하라.
5. 감광막의 종류 4가지를 나열하고 각각의 장점을 기술하라.
6. 사진석판공정을 설명하라.
7. 감광막의 동작에 영향을 미치는 4가지 변수를 나열하고 설명하라.
8. 일부 감광막 공정에서 프라이밍이 필요한 이유를 설명하라.
9. 반도체소자 제조시에 감광막 적용의 가장 일반적인 방법을 설명하라.
10. 완성된 감광막의 질을 조절하는데 이용되는 두가지 변수를 열거하라.
11. 현상검사 단계가 필요한 이유를 설명하라.
12. 저온건조와 고온건조의 차이점을 설명하라.

12. 화학증착

12-1 서 론

　화학증착은 기체화합물의 **熱反應**이나 **分解**를 이용하여 가열된 기판위에 안정한 화합물을 형성시키는 것을 말한다. 에피택샬 성장은 화학증착의 일종이긴 하지만 특수한 형태로 기판의 결정구조가 증착층까지 확대되는 특수한 형태이다. 이런 이유로 인해 本節에서는 非에피택샬 화학증착 및 그 응용에 대해서만 기술한다.

　화학증착을 하는 방법에는 여러가지가 있으나 모든 화학증착기의 기본적인 구성은 아래와 같이 크게 다섯부분으로 나누어 진다.

1. 反應槽
2. 기체조절부
3. 시간 및 순서제어부
4. 기판용 熱源
5. 流出처리부(effluent handling)

　각 부분의 구성방법은 대단히 다양하며 이에 따라 반응기의 형태도 각양각색이다.

　反應槽는 반응부분 주위를 외부와 차단시키는 역할을 하며 여러가지 형태로 나눌 수 있다.

1. **수평형** : 그림 12-1 과 같이 웨이퍼를 웨이퍼지지대(보트 혹은 서셉터) 위에 수평으로 놓고 반응관의 한쪽 끝에서 기체를 유입, 이 기체가 웨이퍼를 지나 管의 다른쪽 끝으로 유출되도록 한다.

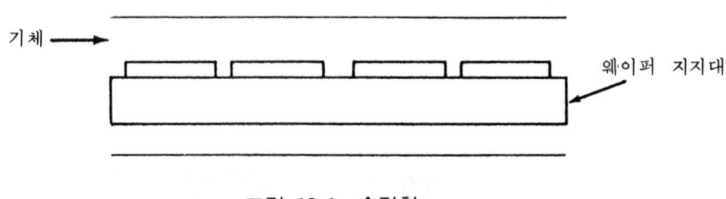

그림 12-1 수평형

2. **수직형** : 그림 12-2와 같이 서셉터상에 놓여진 웨이퍼에 기체가 위에서 아래로 유입되는 형태이다. 일반적으로 균일한 온도분포를 위해 서셉터는 회전식으로 되어 있다.

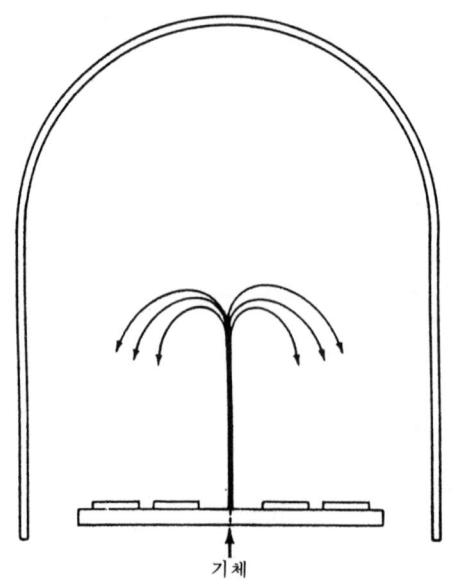

그림 12-2 수직형

3. **원통형(배럴형)** : 실린더 외부표면(때에 따라서는 내부표면)에 웨이퍼를 수직으로 놓고 兩側面에서 기체를 주입시키는 형태인데 서셉터는 회전식으로 되어 있다.(그림 12-3 참조)

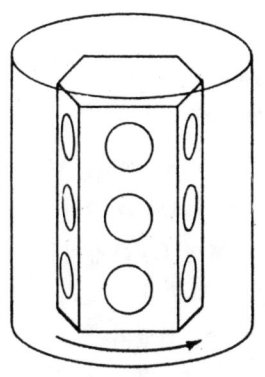

그림 12-3 원통형

4. **기체차단형**(gas-blanketed downflow system) : 수평형과 같이 이동형 웨이퍼지지대에 웨이퍼를 얹어 놓고 기체주입은 수직형과 같은 하향주입식을 취한 형태이다. 그림 12-4에서와 같이 불활성 기체(주로 질소)가 외부공기와 반응劑를 차단시키도록 되어 있다.

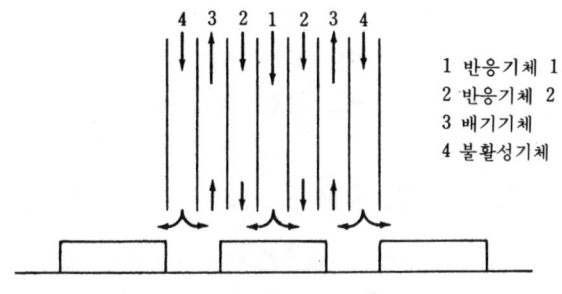

그림 12-4 기체차단형

氣體流量조절부는 반응조내로 유입되는 기체량을 조절하는데 조절기의 형태는 요구되는 정확도에 따라 다르다. 보편적으로 조절량의 백분율이 클수록 流量조절기의 중요성도 커진다.

시간 및 순서제어부는 화학증착기의 전반적인 운용을 총괄하는 부분으로 수동식에서 컴퓨터 제어에 의한 완전자동시스템까지 여러 종류가 있다. 熱

源은 크게 두가지로 분류할 수 있다.

1. 冷壁형(cold wall system)
2. 溫壁형(hot wall system)

분류 기준은 冷壁형의 경우 반응조의 증착반응속도가 비교적 늦은 반면 溫壁형은 반응조의 증착이 웨이퍼와 서셉터의 증착보다 빠르거나 같은 속도로 진행되기 때문이다. 冷壁형 CVD 장치는 가열방법으로 고주파에너지나 자외선에너지를 이용한다. 고주파 가열서셉터에서는 고주파코일의 에너지가 피막을 입힌 탄소서셉터에 전달되며 웨이퍼는 서셉터와의 접촉에 의해 가열된다. 자외선을 이용한 加熱은 강한 자외선 스펙트럼을 放出하는 電球를 이용하며 전구의 높은 에너지가 웨이퍼와 서셉터를 복사열로 가열하도록 되어 있다. 加熱源에 관계 없이 冷壁형 반응조의 벽은 웨이퍼 온도와 비교했을 때는 온도가 낮지만 서셉터로 부터의 복사열과 전도열 때문에 실제온도는 대단히 높다. 溫壁형은 확산로에서와 마찬가지로 熱抵抗을 이용하여 가열한다. 冷壁형은 반응조壁의 증착이 늦다는 점 이외에도 웨이퍼의 가열 및 상승속도가 훨씬 빠르다는 장점이 있다. 이는 시스템의 熱體(thermal mass)가 작고 기체유입속도가 비교적 빠르기 때문이다.

화학증착기의 최종단은 流出처리부이며 사용되지 않은 반응기체와 운반기체를 소모시키는 부분이다. 유출처리가 끝난 기체는 有害한 반응기체를 제거시킨 다음 냉각시켜 대기중으로 환원시킨다.

12-2 화학증착의 순서 및 응용

화학증착은 여러가지 물질을 증착시키는데 이용되며 에피택샬 실리콘을 제외한 물질중에 반도체공정에서 자주 이용되는 것으로는

1. 다결정 실리콘
2. 산화규소(도핑된 것과 도핑되지 않은 것 모두를 사용한다)
3. 질화규소

등을 들 수 있다. 이상의 세가지 물질은 증착시키는 방법도 여러가지가 있으며 응용분야도 대단히 다양하다.

다결정 실리콘은 短結晶과 長結晶이 혼합된 실리콘이다. 다결정 실리콘

은 기판의 증착율이 높거나, 기판이 결정구조를 가지지 않을 때 뿐만 아니라 증착온도가 單結晶 成長에 필요한 최저온도 보다 낮을 때도 증착이 가능하다. 다결정 증착의 대표적인 두가지 방법은 다음과 같다.

반 응 식	운반기체	증착온도(℃)
$SiH_4 + 熱 \rightarrow Si + 2H_2$	H_2	850-1000
$SiH_4 + 熱 \rightarrow Si + 2H_2$	N_2	600-700

다결정의 결정구조는 증착온도와 증착율에 따라 달라지며 특수한 경우에는 결정구조를 조절할 수도 있다. 보통 다결정 실리콘은 도핑되지 않은 상태로 증착되며 차후 공정에서 素子用 導電層을 형성하기 위해 도핑한다. 다결정층의 두께는 간섭기법(interference technique)을 사용하여 측정한다. 산화규소를 얻기 위해서는 다음과 같은 여러가지 방법이 있다.

반 응 식	운반기체	증착온도(℃)
$SiH_4 + CO \rightarrow SiO_2 + 2H_2$	H_2	600-900
$SiH_4 + 4CO_2 \rightarrow SiO_2 + 4CO + 2H_2O$	N_2	500-900
$2H_2 + SiCl_4 + CO_2 \rightarrow SiO_2 + 4HCl$	H_2	800-1000
$SiH_4 + 2O_2 \rightarrow SiO_2O$	N_2	200-500

산화규소는 비산염이나 수소화 인 혹은 디보란(diborane)을 주입하면 비소, 인이나 붕소와 함께 증착시킬 수도 있다. 이들 불순물은 증착산화막을 형성하며 이 산화막도 쉽게 증착산화막 속으로 파고든다. 증착산화막은 도핑된 경우에는 증착확산源이나 마스킹용 장벽으로도 이용가능하지만 가장 중요한 목적은 완성된 회로가 긁히는 것을 보호하는 것과 金屬膜증착에 있다. 한편 먼저 증착된 금속막과의 사이의 문제가 생기는 것을 방지하기 위해 온도는 500℃ 미만으로 한다. 그림 12-5 a)는 인으로 도핑된 산화막과 도핑되지 않은 산화막의 多層構造를, 그림 12-5 b)는 도핑되지 않은 산화막 사이에 인으로 도핑된 층이 존재할 때의 多層構造를 나타낸 것이다. 그러면 이러한 多層構造가 필요한 이유를 고찰해 보자.

1. 인으로 도핑된 산화막은 화학적 장벽이 되어 오염을 방지하며 電場을 인가하면 물과 반응하여 아래쪽의 알루미늄 금속층을 電解부식(electrolytic etching) 시키는 역할도 한다.

| 도핑되지 않은 산화층 |
| 도핑된 산화층 |
| 실리콘 기판 |

(a)

| 도핑되지 않은 산화층 |
| 도핑된 산화층 |
| 도핑되지 않은 산화층 |
| 실리콘 기판 |

(b)

그림 12-5 긁힘보호를 위해 증착된 SiO_2층의 단면

2. 인으로 도핑된 SiO_2층 아래에 혹은 두개의 인도핑 SiO_2층 사이에 도핑되지 않은 SiO_2막을 형성시키면 부식을 방지할 수 있다.

증착층의 두께는 **熱的**으로 성장된 SiO_2의 **色相圖**를 이용해서 알 수도 있으나 SiO_2증착층은 열적으로 성장시킨 SiO_2층만큼 조밀하지 못하므로 900℃ 이상의 온도에서 30분간 가열하면 식별이 거의 불가능하다.

SiO_2증착층내의 인의 농도는 SiO_2층을 p형 실리콘 웨이퍼에 증착시키므로서 쉽게 알 수 있다. 일정시간동안 표준온도에서 웨이퍼를 확산시킨 다

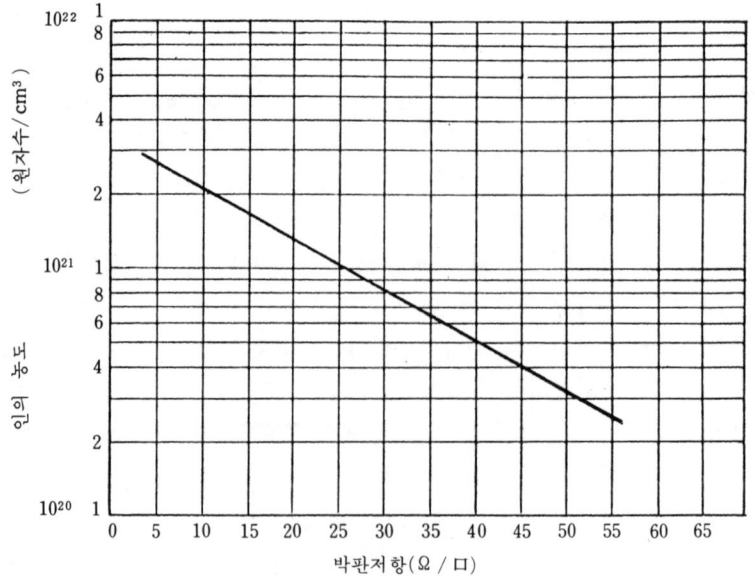

그림 12-6 증착산화막내의 인의 농도와 웨이퍼 저항의 관계

음 증착된 SiO_2층이 소요량만큼의 인을 포함하고 있나를 4點프로브로 측정한다. 그림 12-6은 1000℃에서 30분간 증착확산시켰을 때의 웨이퍼 저항과 증착산화막내의 인의 농도와의 관계를 나타낸 것이다.

질화규소는 조밀한 유전체로, 오염에 민감한 소자로 구성된 회로를 보호하거나 실리콘을 局部的으로 酸化시키는데 이용된다. 질화규소는 다음과 같은 화학증착기법으로 증착이 가능하다.

반 응 식	운반기체	증착온도(℃)
$3\,SiH_4 + 4\,NH_3 \rightarrow Si_3N_4 + 12\,H_2$	H_2	900–1100
$3\,SiH_4 + 4\,NH_3 \rightarrow Si_3N_4 + 12\,H_2$	N_2	600–700

질화규소(Si_3N_4) 증착층의 두께는 SiO_2층과 마찬가지로 色相圖를 이용하면 비교적 정확하게 측정할 수 있다. 그러나 Si_3N_4의 광학적 성질은 SiO_2와 다르므로 색상과 막의 두께는 SiO_2와는 다르다. 표 12-1은 열적으로 성장시킨 질화규소막의 두께를 색상에 따라 나타낸 도표이다.

표 12-1 열적으로 성장시킨 Si_3N_4 膜의 색상도
(색상은 일광아래서 수직관찰한 것임)

膜두께 A	μ	색상 및 기타
380	.038	tan
530	.053	brown
750	.075	dark violet to red violet
900	.090	royal blue
1130	.113	light blue to metallic blue
1280	.128	metallic to very light yellow-green
1500	.150	light gold or yellow-slightly metallic
1650	.165	gold with slight yellow-orange
1880	.188	orange to melon
2030	.203	red-violet
2250	.225	blue to violet-blue
2330	.233	blue
2400	.240	blue to blue-green
2550	.255	light green
2630	.263	green to yellow-green

膜두께		색상 및 기타
Å	μ	
2700	.270	yellow-green
2780	.278	green-yellow
2930	.293	yellow
3070	.307	light orange
3150	.315	carnation pink
3300	.330	violet-red
3450	.345	red-violet
3530	.353	violet
3600	.360	blue violet
3680	.368	blue
3750	.375	blue-green
3900	.390	green (broad)
4050	.405	yellow-green
4200	.420	yellowish (not yellow but where yellow is expected)
4280	.428	light orange
4350	.435	light orange or yellow to pink borderline
4500	.450	carnation pink
4720	.472	violet-red
5100	.510	borderline between violet & blue-green; looks greyish
5400	.540	blue-green to green (quite broad)
5780	.578	yellowish
6000	.600	orange
8200	.820	salmon
8500	.850	dull light red-violet
8600	.86	violet
8700	.87	blue-violet
8900	.89	blue
9200	.92	blue-green
9500	.95	dull yellow-green
9700	.97	yellow to yellowish
9900	.99	orange
10000	1.00	carnation pink
10200	1.02	violet-red
10500	1.05	red-violet
10600	1.06	violet

연 습 문 제

1. 冷壁型 화학증착기와 溫壁型 화학증착기의 차이점을 논하라.
2. 화학증착을 이용하여 증착되는 非에피택샬 물질 3가지를 열거하라.
3. 1,100℃에서 30분간 증착확산시킨 후, 어떤 웨이퍼의 薄板抵抗이 35 Ω/□이었다고 하자. SiO_2 증착층내의 인의 농도를 구하라.
4. 화학증착에서 반응조를 사용하는 목적을 설명하라.
5. 화학증착기의 다섯가지 주요부분을 열거하라.
6. 에피택샬 성장과 화학증착의 차이점을 설명하라.
7. 질화규소를 증착시킬 때의 반응식을 기술하라.

13. 금속막 증착

실리콘 기판의 모든 素子 제작이 완료된 후에는 이들을 연결하여 회로기능을 발휘하도록 해야 한다. 금속막증착은 바로 이 공정을 말하며 진공증착기법으로 수행된다. 本 節에서는 금속막증착기가 갖추어야 할 조건, 금속 및 기타 물질의 증착법과 기타 금속막 증착공정에서 고려해야 할 사항에 대해 기술한다.

13-1 금속막의 구비조건

실리콘 웨이퍼상의 소자를 보다 효율적으로 연결하기 위해서 금속막은 다음과 같은 요구조건을 만족해야 한다.

1. 실리콘과의 전기접촉저항이 낮은 것
2. 접속상태가 양호한 상태에서 실리콘과 반응하지 않을 것
3. 전기전도도가 우수할 것(고전류에도 전압 강하가 생기지 않을 것)
4. 산화규소나 기타 절연체와의 접착성이 우수할 것
5. 패턴(pattern)형성이 쉬울 것
6. 증착방법이 기존구조와 호환성이 있을 것
7. 표면에 생긴 융기부분을 균일하게 덮을 것
8. 전기적 물질이동(electromigration)에 대한 내성이 강할 것(전기적 물질 이동이란 전류에 의해 금속막내에 야기되는 원자들의 이동을 말한다)
9. 정상동작조건에서 금속막이 부식되지 않을 것
10. 외부연결용 단자와의 접합이 쉬울 것
11. 경제적일 것

이상과 같은 조건을 모두 만족하는 물질로는 알루미늄을 들 수 있는데 알루미늄은 소자연결에 가장 널리 이용되는 물질이다. 최근의 연구에 따르면 알루미늄에 소량의 다른 원소를 첨가하므로서 특성을 개선시킬 수 있다는 사실도 밝혀졌다. 실리콘과 알루미늄간의 반응은 증착시 알루미늄에 실리콘을 일정량(수%) 첨가되므로서 막을 수 있다. 한편 전기적 물질이동에 대한 알루미늄의 耐成은 증착시에 소량의 Cu를 첨가하므로서 크게 줄일 수 있다. 알루미늄이 금속막의 요구조건을 만족하지 못하는 경우에는 多層構造를 이용하기도 한다. 다층구조는 각층이 요구조건의 일부를 만족하고 이런 층들이 조합되어 요구조건의 전부를 만족하게 된다.

13-2 真空蒸着

금속막을 증착하는 한가지 기법으로는 진공증착기법을 들 수 있다. 진공증착기에도 여러 종류가 있지만 이들은 모두 공통적인 특성을 가진다. 다음은 진공증착기가 갖추어야 할 기본적인 사항이다.

1. 真空槽는 증착시에 필요한 정도의 진공도를 유지할 수 있어야 할 것 (반응조에는 밸브 등이 포함되어야 한다)
2. 진공펌프는 반응조내의 기체를 허용수준까지 감소시킬 수 있어야 한다.
3. 진공도와 기타 변수를 감시할 수 있는 계기가 부착되어 있어야 한다.
4. 필요한 물질을 단층 혹은 다층으로 증착시킬수 있어야 한다.

이상의 조건들을 만족할 수 있는 길은 여러가지가 있으나 증착기의 구입시는 후일 처분할 경우도 생각하여 신중을 기하도록 한다. 그림 13-1은 진공증착기의 대표적인 예이다.

真空槽는 누설방지용 진공용기와 계기로 구성된다. 진공용기는 유리와 스테인레스 철로 만든 두 종류가 있으며 후자는 잘 부숴지지 않고 비표준 형태가 많다.

충분한 진공도를 얻기 위해서 여러가지 형태의 펌프를 이용하며 각 펌프는 자동차의 톱니바퀴와 같이 진공범위에 따라 사용되는 펌프의 종류도 달라진다. 펌프형태에 따른 압력범위를 요약하면 다음과 같다.

13-2 眞空蒸着 **133**

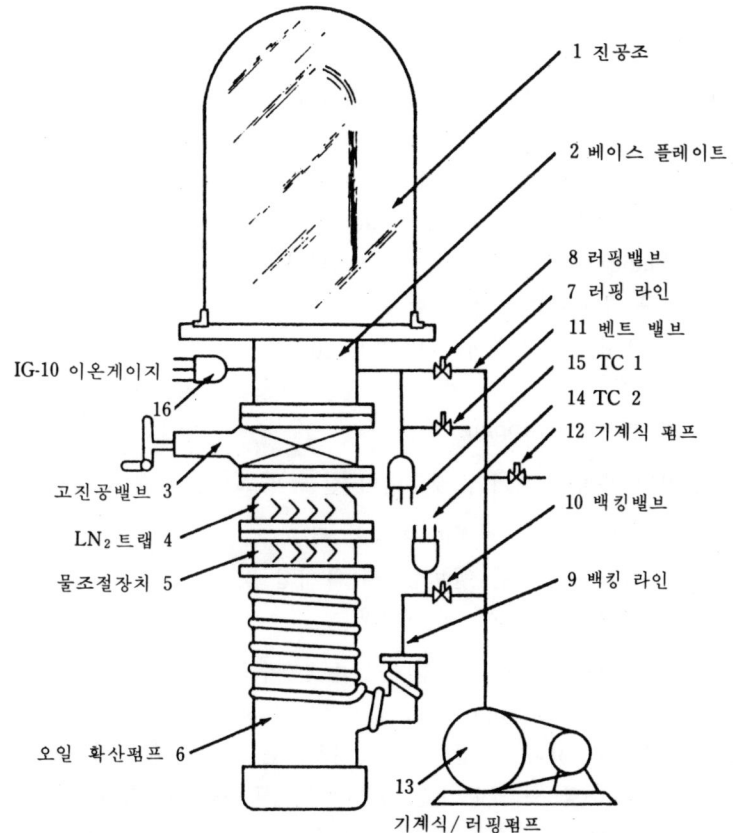

그림 13-1 高速, 高排出 진공시스템의 개략도
(Fast-cycling, high-throughput Vacuum coating system)

1. 대기압에서 中眞空까지 (10-100 μ)
   a. 로타리형 油密펌프(Rotary oil-sealed pump) ; 回轉子를 이용한 형태로 眞空油로 회전자의 공기누출을 막는다. 진공펌프내의 공기는 흡입구를 통해 펌프로 들어가 압축된 다음 배출구를 통해 대기중으로 유출된다.
   b. 흡수펌프(Sorption pump) : 이 펌프는 화학제를 이용하는데 화학제는 표면으로부터 기체를 흡수한다. 화학제가 담긴 용기는 더 이상의

수용이 불가능할 때까지 기체를 흡착한 다음 건조되고 다시 같은 기능을 되풀이 한다.
2. 中眞空에서 高眞空까지 ($25\,\mu$-10^{-6}mm)
   a. 확산펌프 : 보일러의 증기가 여러개의 노즐을 지나 下向이동하면서 眞空槽내의 잔류원자를 밖으로 배출시키는 형태
   b. 터보펌프(Turbomolecular pump) : 허브(hub) 주위에 여러개의 날개(blade)가 달린 형태로 진공조내의 분자에 적당한 운동량을 가하여 분자를 몰아내는 방법을 이용한다.
3. 高眞空에서 超高眞空까지 (10^{-6} T. 10^{-10})
   a. 이온펌프 : 전기장과 자기장을 같이 사용하는 펌프로 원자를 이온화시켜 트래핑(trapping) 한다.

진공증착기 부착용 계기가 갖추어야 할 구비조건은 다음과 같다.
1. 진공조내의 진공도 측정이 가능할 것
2. 진공증착기내의 모든 밸브상태를 표시할 것
3. 증착층의 두께 측정이 가능할 것

眞空槽내의 진공수준은 대기압에서 中眞空수준까지는 압력변화에 의해 움직이는 진동판(diaphragm)으로 측정하는데 전기적인 눈금과 기계적 눈금 모두 이용 가능하다. 고급 펌프인 경우에는 잔류기체가 필라멘트의 熱을 어느정도 흡수할 수 있는가를 이용해서 진공수준을 측정하기도 한다.
즉, 기체의 양이 많을수록 더 많은 熱을 흡수할 수 있으며 이 원리는 熱傳帶나 피라니 게이지(Pirani Gauge)에도 적용된다.

13-3 증착기법

반도체 공정에서 진공기법을 이용한 증착법에는 다섯가지가 있다.

1. 필라멘트 증착(filament evaporation)
2. 전자비임 증착(electron-beam evaporation)
3. 플래쉬 증착(flash evaporation)
4. 유도 증착(induction evaporation)
5. 스퍼터링(sputtering)

이상의 방법들은 제각기 장단점을 지니고 있으므로 증착기 구입시에는 기계를 처분할 경우도 고려하여 신중히 선택해야 한다.

필라멘트 증착은 가장 간단하고 값싼 증착형태로 **熱抵抗**을 이용하여 필라멘트나 보트를 가열하여 증착시키는 방법이다. 그림 13-2는 필라멘트 증착기의 대표적인 예이다.

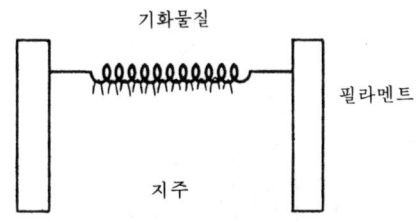

그림 13-2 필라멘트 증착기

필라멘트 증착기는 필라멘트를 흐르는 전류를 점차 증가시켜 증착물질로 이루어진 코일을 용융시켜 필라멘트를 젖게 하므로서 증착시킨다. (여기서 주의해야 할 것은 필라멘트 재질이 증착되는 물질과 호환성이 있어야 한다는 점이다) 필라멘트가 일단 축축해지면 필라멘트를 흐르는 전류가 증가하게 되어 증착이 이루어진다. 필라멘트 증착기는 설치가 간편하고 여러가지 물질을 증착할 수 있다는 장점은 있으나 증착층의 오염도가 너무 높아 소자기능에 악영향을 미치는 단점도 있다. 오염원으로는 필라멘트와 취급상 부주의에 대한 경우를 들 수 있다. 따라서 알루미늄의 증착시에는 필라멘트 증착은 거의 이용되지 않는다. 물론 극도의 주의를 기울이면 이러한 영향을 최소로 줄일수는 있지만 다른 증착기법을 사용하는 것이 보다 경제적이며 신뢰성도 높다.

그러나 웨이퍼 뒷면에 金을 증착시킬 경우에는 오염이 문제가 되지 않기 때문에 필라멘트 증착을 이용하기도 한다. 필라멘트 증착기법은 화합물의 증착시에는 이용이 불가능한데 이는 융점이 낮은 원소가 융점이 높은 원소보다 먼저 기화하기 때문이다.

전자비임 증착 (e-beam으로 불리기도 한다)은 전자집속비임으로 물질을 가열하는데 높은 강도의 전자비임은 텔레비젼 브라운관의 경우와 유사한 방법으로 발생된다. 전자집속 비임은 hearth 라고 하는 水冷블록내의 물질을 압축하여 용융시킨다. 따라서 전자비임 증착시에는 電子만이 증착물질과 접촉되므로 오염도가 대단히 낮으며 속도도 대단히 빠르다. 그러나 화합물을 전자비임 증착기법으로 증착시키기 위해서는 두개 이상의 hearth 가 필요하다는 점을 반드시 염두에 두어야 한다. 한편 강한 전자비임을 사용하기 때문에 기판이 방사선에 의해 손상을 입을 염려가 있으므로 증착후에는 반드시 어닐링을 해야 한다. 그림 13-3 은 전자비임 증착기의 대표적인 예이다.

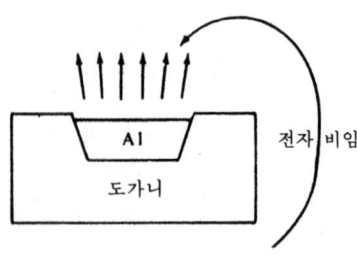

그림 13-3 전자비임 증착기

플래쉬 증착은 熱저항을 이용하여 加熱한다는 점에서는 필라멘트 증착과 유사하나 실제로는 전혀 다른 증착방법이다.

플래쉬 증착은 그림 13-4 와 같이 가열시킨 세라믹판에 도선스플(wire spool, 때로는 분말이나 펠릿(pellet)을 분사하는 수도 있다.)을 투사하는

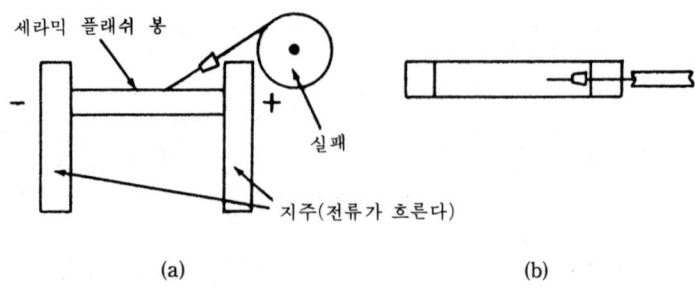

그림 13-4 플래쉬 증착기 a) 측면도 b) 평면도

방법이다. 이 기법은 전자비임 증착과 마찬가지로 오염이 적고 속도가 빠를뿐 아니라 필라멘트 증착과 같이 방사선에 의한 손상 염려가 없다는 장점이 있다. 그러나 이 역시 화합물의 증착시에는 문제점을 내포하고 있다.

유도증착은 최근에 개발된 기법으로 코팅에 적합한 방법이다. 유도증착은 에피텍샬 증착시와 같이 고주파源을 사용하여 도가니속에 든 금속에 에너지를 가하여 금속을 녹임으로서 그림 13-5 와 같이 특정부분을 증착시키는 방법이다. 그러나 반도체 공정에서 자주 이용되지는 않는다.

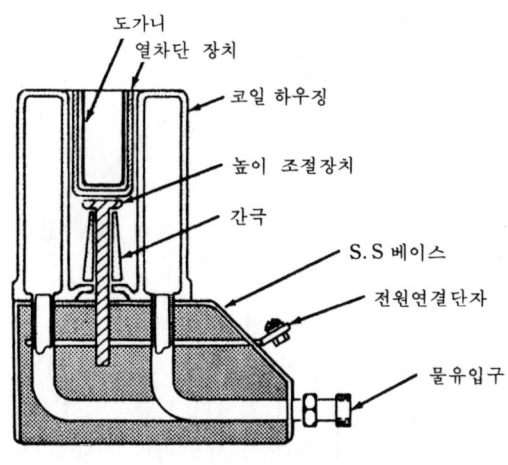

그림 13-5 유도증착원

스퍼터링은 반도체공정에서 이용되는 가장 최신의 진공증착법이다. 스퍼터링은 진공도가 일정수준에 이르면 眞空槽내로 不活性 氣體이온을 주입하고 電場을 인가하여 원자를 이온화시키므로서 이온들이 진공조내의 표적을 때리게 하는 방법이다. 표적을 때린 이온은 표적에서 원자를 이탈시켜 이탈한 이온들이 표적과 마주보는 기판에 증착되도록 하는 방법이다(그림 13-6 참조). 스퍼터링은 직류전압과 고주파전압 모두로 수행이 가능하며 증착속도가 지극히 늦다는 단점은 있지만 거의 모든 물질을 증착시킬 수 있는 장점이 있다. 특히 스퍼터링에 의해 증착된 층의 접착력은 대단히 뛰어나다.

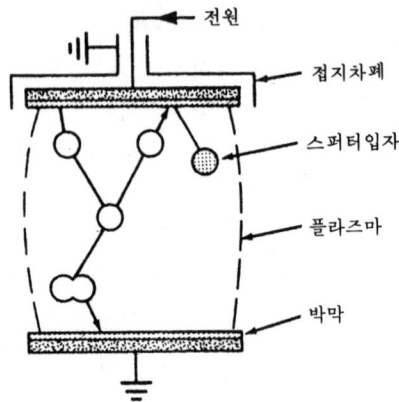

그림 13-6 스퍼터링기

13-4 진공증착 공정

금속막 증착 공정은 증착물질이나 증착기 종류에 관계 없이 다음과 같은 순서로 진행된다.

1. 웨이퍼의 오염물질을 제거한 후 건조시킨다.
2. 웨이퍼를 真空槽내에 넣는다.(이때 일반적으로 플래니타리(planetary) 라고 하는 회전구조물을 이용하여 웨이퍼에 금속막이 균일하게 증착되도록 한다. 플래니타리를 이용하면 스텝커버리지(step coverage) 특성도 우수하다)
3. 진공조를 닫고 러핑 펌프를 진공조내의 압력을 $25\,\mu$ 까지 낮춘다.
4. 러핑펌프(roughing pump)의 밸브를 닫고 고진공펌프의 밸브를 연 다음 진공도가 소요수준에 이를 때 가지 계속 가동한다. ($10^{-6} \sim 10^{-7}$mm 가 일반적인 값이다)
5. 熱源을 가동시켜 증착물질을 소량 기화시킨 다음 熱源과 웨이퍼 사이의 차폐지역으로 주입시켜 熱源을 세척한다.
6. 기판에 필요한 두께로 증착층을 입힌다(접착력을 좋게 하기 위해 기판을 가열하는 경우도 있다).
7. 熱源의 동작을 중지시키고 냉각한다.
8. 진공조를 N_2와 같은 不活性 氣體로 채운 다음 뚜껑을 연다.

연 습 문 제

1. 금속막이 갖추어야 할 구비조건을 다섯가지 이상 나열하라.
2. 진공증착기법 세가지를 약술하라.
3. 방사선 손상의 우려가 있는 진공증착기법은?
4. 진공증착시 웨이퍼를 놓아두는 회전구조물의 명칭은?
5. 금속막 증착시에 알루미늄이 가장 널리 이용되는 이유를 설명하라.
6. 금속막 증착시 알루미늄에 소량의 실리콘이나 구리를 첨가하는 이유를 설명하라.
7. 진공증착기의 주요부분의 명칭을 열거하라.
8. 진공증착기법을 사용하여 금속을 증착시키는 4가지 방법을 설명하라.
9. 진공증착과정을 설명하라.

14. 소자공정

 이제 남아있는 단계는 금속막 증착과 최종단계인 판매과정 사이의 단계들로서 이들 역시 최초단계들 못지않게 대단히 중요한 공정이지만 앞서 설명한 공정만큼 흥미진진하지는 못하다. 그러나 실리콘칩의 가격이 계속해서 떨어지고 있으므로 소자의 포장, 시험 및 분배를 효율적으로 처리하는 기업만이 시장에서 살아남을 것이라는 것이 확실하다. 본절에서는 금속막 증착이 끝난 후의 素子처리에 대해 논하기로 한다.

14-1 합금/어닐

 웨이퍼 전면의 알루미늄을 부식시키는 것만으로는 素子상호간의 전기적 접촉이 이루어졌다고는 볼 수가 없다. 이후 언급할 알로이(alloy) 공정은 알루미늄과 실리콘의 저저항 접촉을 확인하기 위한 단계이다. 알로이 공정은 비교적 낮은 온도에서 확산로내에서 수행되며 온도와 시간은 공정마다 다르다. 그러나 그림 14-1 에 나타낼 알루미늄-실리콘 시스템의 그래프를 참고하면 온도한계치 설정에 약간은 도움이 될 것이다.
 화살표로 표시된 線은 완전히 용융된 혼합물이 존재하는 최저온도를 나타내는데 치수가 가르키는 바와 같이 알루미늄내에서 실리콘 원자가 차지하는 백분율에 따라 온도가 달라진다. 용융액이 존재하는 최저온도는 두 직선의 교차점인 577°C 이며 이 온도가 바로 알루미늄과 실리콘의 공융온도(eutectic temperature)이다. 알루미늄과 실리콘 혼합물을 577°C 이상으로 가열하면 용융이 시작 되므로 소자는 사용이 불가능하다. 따라서 알로이 공정의 최고온도는 577°C 이다. 알로이 공정의 최저온도는 청결도나 알루미늄

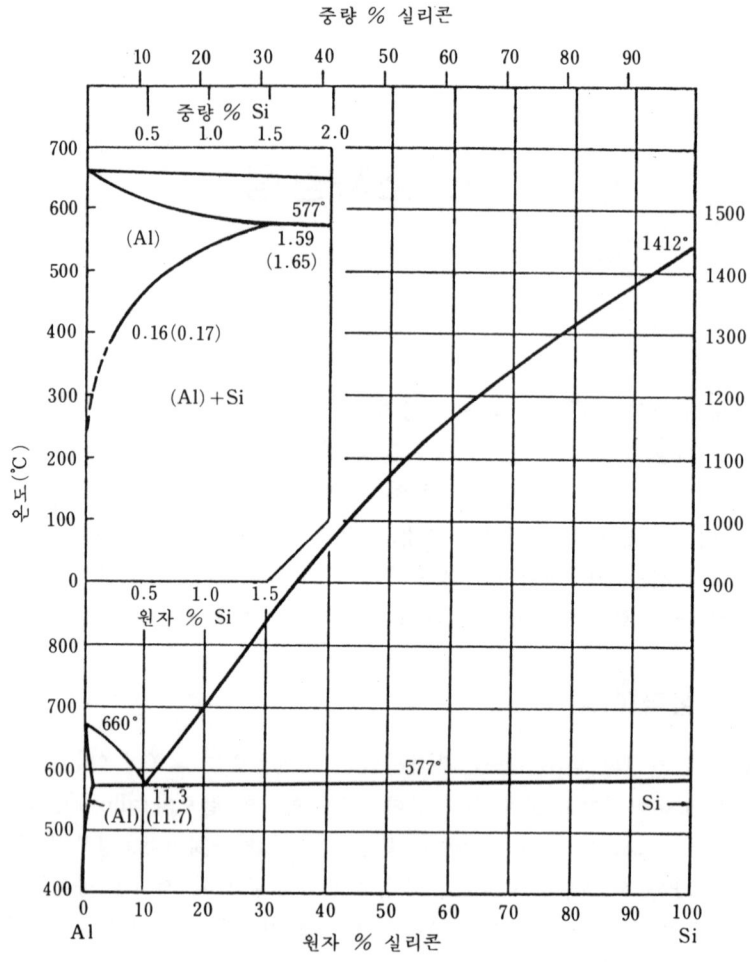

그림 14-1 알루미늄-실리콘系

증착온도와 같은 공정요소에 의해 좌우된다. 알로이 공정은 450℃~550℃ 의 온도에서 10~30분간 실시하는 것이 일반적이다.

알로이 공정 도중이나 공정이 끝난 후에는 웨이퍼를 수소(다른 기체를 사용하는 경우도 있다)를 함유하는 기체혼합물에 노출시키는데 이를 "어닐링" (annealing)이라 한다. 어닐링은 소자특성을 最適化, 安定化시키기 위한 단계이다. 한편 수소는 반응하지 않은 원자나 실리콘 산화규소 界面근처의 원자들과 결합하므로서 이들 원자가 소자특성에 미치는 영향을 감소시키는 것으로 생각되고 있다. 어닐링온도는 400°~500℃이며 시간은 30~60분이 보통이다.

14-2 알로이 공정후의 표본 검사

금속막 증착, 부식, 알로이 및 어닐링 공정이 끝나게 되면 웨이퍼의 소자는 기능상으로 완전하게 된다. 웨이퍼가 다이오드나 트랜지스터와 같은 素子만을 포함할 경우에는 특정부분의 소자들이 제기능을 발휘하는가를 검사하는 것은 용이한 작업이다. 하지만 보다 복잡한 집적회로가 구성된 경우에는 회로동작에 영향을 미치는 다이오우드, 저항, 트랜지스터 등을 반드시 검사해야 한다. 이런 과정에서 良다이(die)의 수가 너무 작은 웨이퍼는 폐기시킨다. 하지만 이 검사 단계는 제조라인에서 넘어온 웨이퍼를 빨리 검사할 수 있다는 점 외에 다른 장점도 가진다. 즉, 시험대상 소자를 적절히 선택하므로서 제조공정 도중에 발생하는 여러가지 변화를 추정하는 것도 가능하다. 예를 들어 베이스 저항값의 편이를 이용하면 트랜지스터 베이스내의 붕소량의 변화를 알수도 있으며 이로 부터 현재 제조중인 트랜지스터의 이득을 변화시킬 수도 있다. 한편 트랜지스터의 이득을 예상할 수 있으므로 큰 문제로 비화할 가능성이 있는 문제점을 사전 교정하는 것도 가능하다.

알로이 공정후의 표본검사는 오실로스코프와 핸드프로브(hand probe)를

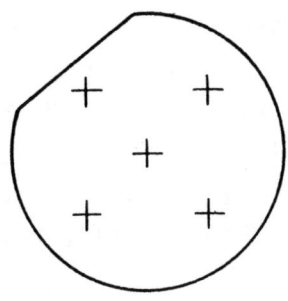

그림 14-2 웨이퍼의 표본영역

사용하기도 하는데 일반적인 웨이퍼일 경우 그림 14-2와 같이 각기 다른 부분의 素子를 검사한다. 이는 웨이퍼 전체를 통해 나타나는 공정상의 변수를 알기 위한 것이다.

14-3 긁힘보호(scratch protection)

취급 부주의나 화학적 오염으로 부터 웨이퍼를 보호나는 방법으로는 산화막증착을 들 수 있다. 산화막 증착시에 고려해야 할 사항은 12장에서 이미 기술한 바 있으므로 생략한다. 산화막 증착이 끝난 후에는 산화막 접착판(bonding pad) 위에서 부식시키는데 이로써 뒷면처리에 대한 준비가 완료된다.

14-4 뒷면처리(backside preparation)

때로는 차후 공정에 대비하여 웨이퍼의 뒷면을 변경해야 할 경우가 있는데 이의 처리방법은 크게 두가지로 나눌 수 있다.

1. 연마(backside lapping) : 웨이퍼 뒷면을 연마하여 전기적 특성에 악영향을 주는 확산막을 제거하기 위해서 웨이퍼의 두께를 얇게 하여 다이분리(die separation)가 용이하도록 하거나, 차후의 금속증착에 대한 준비를 하는 과정
2. 금속증착(backside metal deposition) : 金과 같은 금속을 웨이퍼 뒷면에 증착시켜 분리된 다이가 차후 공정에서 패키지에 쉽게 접착되도록 한다.

차후 공정에 대비한 웨이퍼 준비는 위의 두 공정을 모두 실시하는 경우도 있으며 한 공정만을 실시하거나 이 공정을 전혀 거치지 않는 수도 있다.

뒷면접점으로 금속을 사용할 때는 필라멘트 증착을 하는 것이 보편적이다. 때로는 金을 사용하는 수도 있는데 이는 금-실리콘의 共融溫度가 그림 14-3에서 볼 수 있는 바 처럼 370℃로 대단히 낮아서 실리콘에 금을 알로이 할 때는 다른 소자를 특성저하를 방지할 수 있기 때문이다.

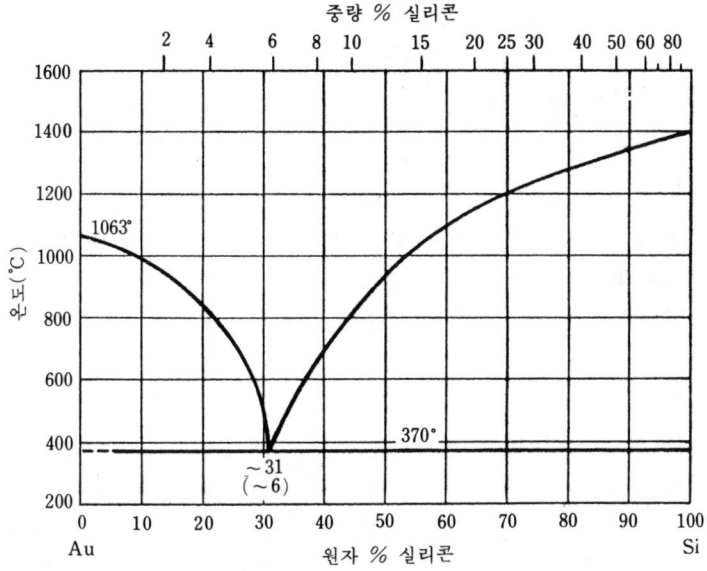

그림 14-3 金-실리콘素

14-5 웨이퍼 분류

이제는 웨이퍼의 다이 등이 정말 제대로 만들어 졌는가 즉, 제기능을 발휘하는가를 결정해야 할 단계이다. 이를 결정하는 방법을 살펴보면, 웨이퍼 검사기(wafer prober : 컴퓨터로 제어하는 경우가 대부분이다)에 웨이퍼를 얹고 각 웨이퍼의 모든 다이를 시험한다. 끝이 뽀족한 금속프로브를 접착판에 연결한 다음 所要電流 및 電压을 소자에 공급한다. 이 때 제기능을 발휘하는 소자들은 그냥 두고 불량소자는 잉커(inker)로 잉커방울로 떨어뜨려 표시를 해 둔다. 때에 따라서는 성능이 우수한 소자를 구분하는데 이 방법을 사용하기도 한다. 그러나 이런 경우에는 등급에 따라 각기 다른色의 잉크를 사용해야 하며 잉크는 다음 공정에서 반응하는 것을 막기위해 건조시키는 것이 바람직하다.

14-6 소자분리 (device separation)

시험이 끝난 웨이퍼상의 소자나 회로는 최종포장에 대비하여 個個의 다

146 14. 소자공정

이로 분리되는데 이를 웨이퍼 스크라이브(wafer scribe)라 한다. 하지만 현재는 분리방법이 변화되어 이 용어 자체는 기술적으로는 진부한 것이 되어 버렸다. 다이분리에 널리 이용되는 방법으로서는 아래와 같은 세가지 방법이 있다.

1. 다이아몬드 스크라이빙 : 팁(tip)에 정밀가공된 다이아몬드가 달린 도구로 스크라이브線을 따라 줄을 낸다. 스크라이브線이란 웨이퍼의 마크(Mark) 혹은 스크라이브를 표시하는 線이다. 스크라이빙에 기인한 結晶構造의 결함에 따라 結晶面이 정해지며 웨이퍼는 이 방향으로 쉽게 부서진다. 이제 스크라이브線을 따라 웨이퍼를 젖히면 웨이퍼가 절단된다.

2. 레이저 스크라이빙 : 레이저펄스를 인가하여 스크라이브선을 따라 실리콘 웨이퍼에 여러개의 구멍을 내는 기법이다(그림 14-4 참조). 웨이퍼는 이 구멍이 뚫릴 선을 따라 파괴된다. 이 기법은 비교적 최근의 것으로 레이저에 의해 먼저 기화된 실리콘이 뭉치는 문제가 있다(이런 것을 커어프(kerf)라고 한다). 커어프는 소자의 收率(yield)에 영향을 주게되므로 웨이퍼 뒷면에 레이저 스크라이빙을 하거나 보호막을 형성시켜 방지해야 한다.

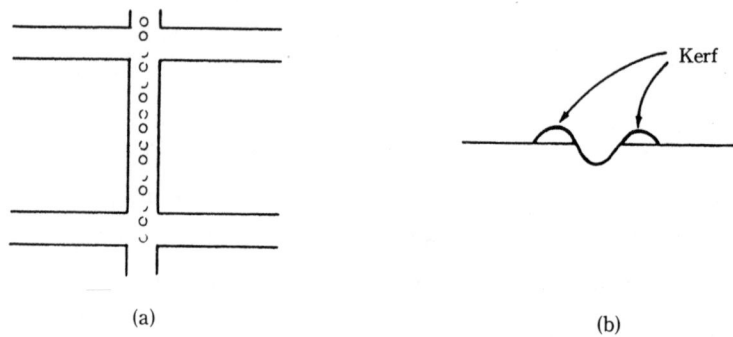

그림 14-4 레이저 스크라이버에 의한 패턴 a) 평면도 b) 측면도

3. 절단 : 가장 최근에 개발된 것으로 회전날(rotating blade)을 이용하여 다이를 분리하는 방법이다. 최근 금속막 증착기술의 발달로 실리

콘의 손실을 최소로 할 수 있는 절단날 제작이 가능하게 되었으며 이 기법을 이용하면 정방형태로 크기가 균일한 다이를 얻을 수 있다.
따라서 이 방법은 웨이퍼의 자동처리법에 대단히 적합한 기법이다.

14-7 다이접착(die attach 혹은 die bonding)

특성이 우수한 다이는 취급상의 편의를 위해 특정한 패키지에 부착시키는데 부착방법으로는 共融(eutectic)접착, 前型(preform) 접착 및 에폭시접착이 있다. 지금부터는 이와 같은 다이의 웨이퍼 접착에 대해 논하기로 한다.

共融접착은 다이의 뒷면에 金과 같은 금속층을 미리 형성시킨 다음 패키지를 공융온도(금-실리콘系의 경우 370℃) 이상으로 가열하면서 패키지상에 다이를 올려놓아 다이와 패키지를 접착시키는 방법이다.

前型접착은 다이와 패키지 모두에 접착되는 특정화학물을 이용하는 방법이다. 전형을 패키지의 다이부착 부분에 놓고 용융시킨 다음 문질러서 다이가 붙도록 하고 패키지를 냉각시킨다.

에폭시 접착은 다이와 패키지를 에폭시 아교로 접착하는 방법이다. 에폭시 방울을 패키지에 바른 다음 다이를 그위에 올려 놓으면 되는데 에폭시를 적절히 처리하기 위해서는 고온에서 건조해야 한다. 에폭시를 이용한 다이접착은 전기전도성의 유무에 관계 없이 모든 물질에 적용 가능하다. 그러나 서로 다른 두개의 다이를 접착하기 위해서는 도전성 접착을 해야 한다.

14-8 도전접착

素子와 외부를 연결하는 도선은 주로 알루미늄이나 金을 사용한다. 금은 알루미늄보다 단가가 비싼 단점은 있지만 耐蝕性이 뛰어나고 高電流를 흘릴 수 있다는 장점이 있다. 素子板(device pad)과 패키지를 접착하는 방법에는 熱圧着(thermal compression : TC)과 초음파접착이 있다. 熱圧着은 주로 金線을 이용하며 패키지를 加熱하면서 열과 압력에 의해 도선과 소자를 접착시키는 방법이다. 초음파접착은 초음파 에너지 펄스로 마찰을 일으켜 도선과 소자판을 접착 시키는 방법이다. 초음파접착에는 주로 알루미늄선을 이용한다.

14-9 패키지의 고려사항

현재, 반도체 공정기술은 패키지 가격이 소자가격의 상당부분을 차지하는 단계에 이르렀으며 이에따라 패키지에 대한 사항들이 큰 관심을 끌고 있다. 이중 가장 중요한 것은 패키지의 材質로서 금속이나 세라믹 재질이 가장 널리 이용되며 신뢰성도 제일 높다. 그러나 이를 이용한 패키지는 가격이 비싸기 때문에 대체재질을 찾기 위한 작업이 현재도 계속되고 있으며 최근에는 가격이 싸고 成形이 용이한 플라스틱이나 에폭시패키지도 각광을 받고 있다. 플라스틱이나 에폭시를 이용한 패키지의 성능이 점차 좋아지고 있기는 하나 아직은 금속이나 세라믹을 이용한 패키지에는 비할 수가 없는 실정이다.

고려해야 할 또 한가지 사항은 다이의 과잉열을 전도하는 패키지의 기능이다. 다이 동작시의 일어나는 열전도를 위해서 특수한 금속탭(tap)이나 핀, 날개(wing)를 패키지의 일부로 설계하는 경우도 있다.

14-10 최종검사

패키징이 끝난 소자는 최종검사를 거치게 되는데 이 검사는 웨이퍼 분류 후에 행하는 검사와 같다고도 할 수 있다. 그러나 접착이나 패키징시에 다이가 손상을 입을 수도 있으며 접착, 패키징이 잘못되는 경우도 있으므로 패키지가 끝난 소자에 대해서는 반드시 이 검사를 실시해야 한다.

14-11 표기 및 포장

최종검사에서 不良소자를 걸러낸 후에는 저장에 앞서 최후공정인 표기와 포장이 남게 된다. 패키지에는 소자번호 및 날짜를 표기하여 소비자가 소자의 생산연월일을 알 수 있도록 해야 한다. 이로써 소자는 선적을 제외한 모든 공정을 완료하게 된다.

연 습 문 제

1. 용융온도가 800℃가 되는 金-실리콘계의 조성비 두가지를 들어라.
2. 알루미늄-실리콘系의 共融혼합비는?
3. 金-실리콘系와 알루미늄-실리콘系中 어느쪽의 용융온도가 높은가?
4. 다이 분리의 두가지 방법을 열거하라.
5. 소자와 패키지간의 도선연결법 두가지를 열거하라.
6. 알로이 공정후 검사단계가 필요한 이유를 설명하라.
7. 웨이퍼 뒷면처리의 두가지 방법을 설명하라.
8. 뒷면금속으로 金이 자주 이용되는 이유를 설명하라.
9. 다이의 기능발휘 여부를 결정하는 방법을 설명하라.
10. 알로이 공정후에서 소자선적까지의 과정을 열거하라.

15. 소　　자

製造기술은 다음과 같이 크게 두 부류로 나눌 수 있다.
1. 바이폴라 기술
2. MOS 기술

이상 두가지 기술은 기본적인 공정은 같지만 공정순서와 제조에 이용되는 표면의 기하학적 형태에 따라 동작원리가 다른 트랜지스터가 만들어 진다.

15-1 바이폴라 技術

바이폴라란 용어는 트랜지스터의 동작이 정공과 전자의 흐름 모두에 의해 영향을 받는데서 유래한다. 바이폴라 기술은 7단계 이상의 마스킹공정으로 구성되는데 기본절차는 아래와 같다.

〔마스크 1〕　1. 埋入層(buried layer) : 모든 능동소자의 아래부분에 존재하는 n^+영역

　　　　　　2. 에피택시 : 모든 소자가 제조되는 n 層

〔마스크 2〕　3. 隔雜(isolation) : 인접영역간을 전기적으로 차단하는 p형 확산영역

〔마스크 3〕　4. 베이스 : npn 트랜지스터의 베이스로 동작하는 p형 확산으로 저항으로도 이용된다.

〔마스크 4〕　5. 에미터 : npn 트랜지스터의 에미터가 되는 n^+확산

〔마스크 5〕　6. 접점(contact) : 모든 소자의 전기적 연결을 가능하게 한다.

〔마스크 6〕 7. 금속막 증착 : 소자를 전기적으로 연결하여 회로를 성립시키는 導電通路

〔마스크 7〕 8. 긁힘보호 : 완성된 회로위에 SiO_2층을 증착하여 물리적, 화학적으로부터 회로를 보호한다.

그림 15-1은 대표적인 바이폴라 集積回路의 단면도이다.

15-2 표준 바이폴라기술을 이용한 소자

1. npn 트랜지스터

바이폴라 npn 트랜지스터는 바이폴라 기술에 가장 적합한 소자로 회로설계시 증폭기나 스위치로 이용된다. 전류이득(h_{fe} 혹은 β 라고 표기)은 콜렉터전류와 베이스전류의 比이며 그림표기는 그림 15-2와 같다. 그림 15-3은 npn 트랜지스터의 평면도 및 측면도를 나타낸 것이다. 트랜지스터의 허용전류는 소자의 크기에 의해 결정되며 가장 작은 트랜지스터의 허용전류는 1~10 mA 범위이다. 베이스/콜렉터 逆降服은 접합부분 양쪽의 도핑농도에 의해 결정되며 전류이득은 대개 50-500 범위이다.

2. pnp 트랜지스터

pnp 트랜지스터의 그림표기는 그림 15-4와 같다.

A. 橫型

橫型 pnp 트랜지스터의 전류이득은 수직형보다 작으며 전류이득이 1이 되는 주파수도 縱型에 비해 훨씬 낮다. 橫型 pnp 트랜지스터의 평면도 및 측면도는 그림 15-5와 같다.

B. 縱型

縱型 pnp 트랜지스터는 회로소자의 콜렉터를 접지(기판)로 이용시에 사용된다. 그림 15-6은 縱型 pnp 트랜지스터의 평면도와 측면도이다.

3. 다이오드

모든 pn 접합이 다이오드를 형성하는 것은 사실이지만 회로에 응용되는 것은 극소수이다. 다이오드는 그림과 같이 화살표 방향으로만 전류를 흘리며 降服電压에 도달하기 전까지는 역방향으로는 전류를 거의 흘리지 않

15-2 표준 바이폴라기술을 이용한 소자 **153**

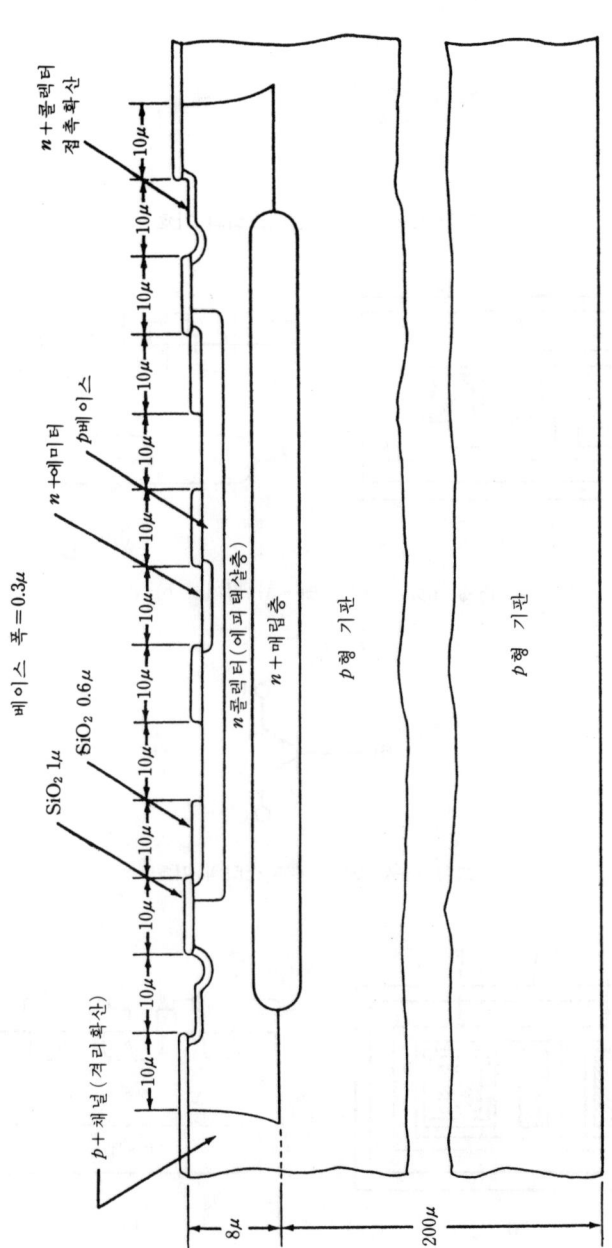

그림 15-1 바이폴라 집적회로의 단면도

154 15. 소 자

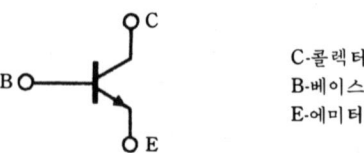

그림 15-2 npn 트랜지스터의 기호

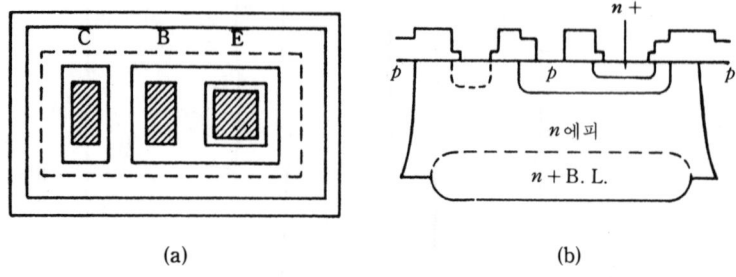

그림 15-3 npn 트랜지스터   a) 평면도 b) 측면도

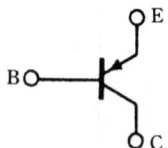

그림 15-4 pnp 트랜지스터의 기호

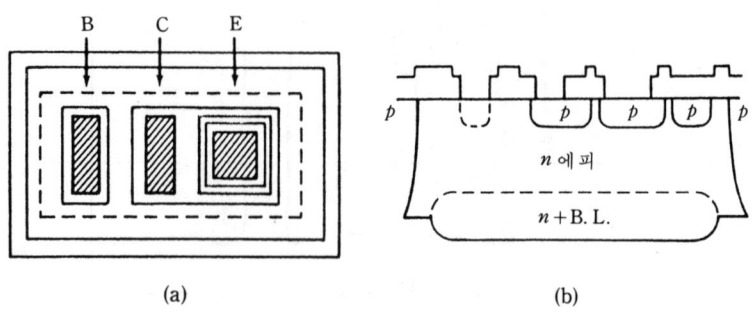

그림 15-5 횡형 pnp 트랜지스터   a) 평면도 b) 측면도

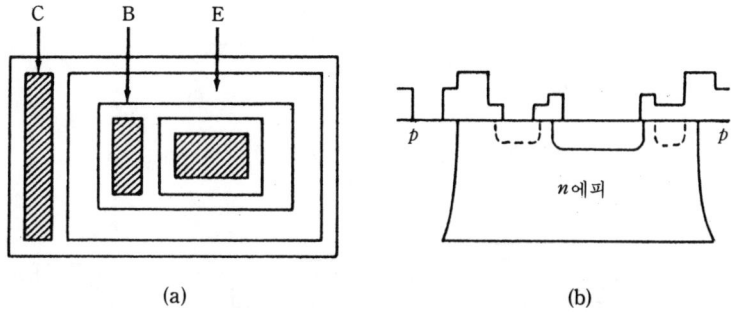

그림 15-6 종형 pnp 트랜지스터   a) 평면도 b) 측면도

는 소자이다. 그림 15-7은 표준다이오드 및 제너다이오드의 회로기호이다.

A. 에미터/베이스 다이오드

　이 소자는 npn 트랜지스터의 콜렉터와 베이스를 하나로 묶어 애노우드로, 에미터를 캐소우드로 한 것이다. 降服電壓은 6~10 v 정도이며 제너다이오드로 사용되기도 한다. 그림 15-8은 에미터/베이스 다이오드의 평면도와 측면도이다.

B. 베이스/콜렉터 다이오드

　npn 트랜지스터의 베이스를 애노우드, 콜렉터를 캐소우드로 한 다이오드이며 역방향 降服電壓은 15~50 v 정도이다. 그림 15-9는 베이스/콜렉터 다이오드의 평면도와 측면도이다.

C. 에피隔離(epi-isolation) 다이오드

　集積回路에서 서로 격리된 두개의 포켓(pocket) 사이에 두개의 다이오드를 그림 15-10과 같이 역접합시킨 것으로 소자간의 전기적 간섭을 방지하는 역할을 한다. 그림 15-10은 이 다이오드의 측면도 및 그림 표기이다.

D. 기타 다이오드

　회로에 자주 사용되지 않는 다이오드로는 다음과 같은 것이 있다.

　　1. 에미터/隔離 다이오드
　　2. 隔離/埋入層 다이오드

156   15. 소 자

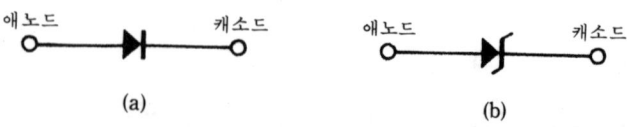

그림 15-7 다이오드   a) 표준다이오드 b) 제너다이오드

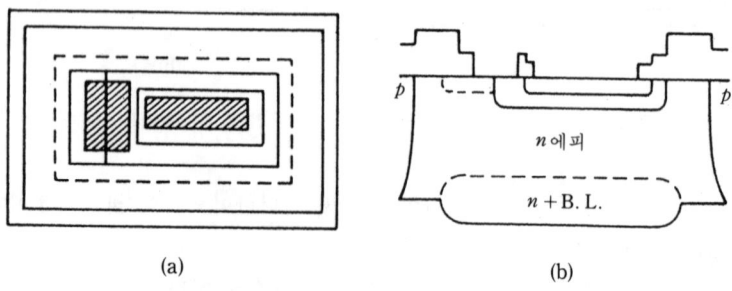

그림 15-8 에미터/베이스 다이오드   a) 평면도 b) 측면도

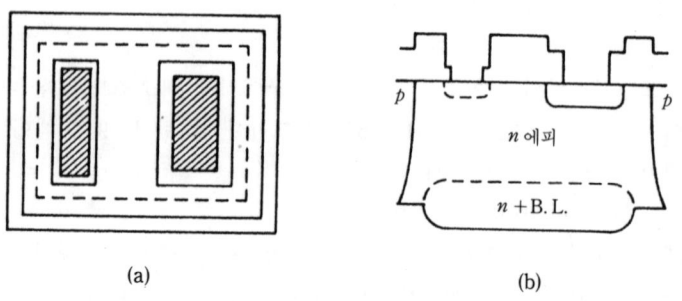

그림 15-9 베이스/콜렉터 다이오드   a) 평면도 b)측면도

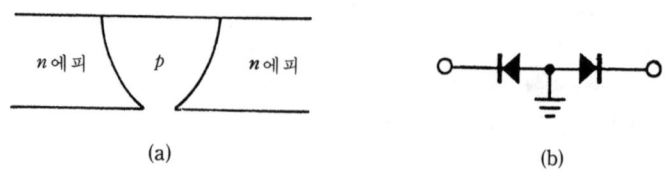

그림 15-10 隔離다이오드   a) 측면도 b) 회로기호

4. 저 항

저항은 그림 15-11과 같이 나타내며 저항을 통해 흐르는 전류와 저항양단의 전압은 다음 관계를 가진다.

$$V = RI$$

그림 15-11 저항 a) 표준기호 b) 핀치저항

A. 베이스저항

p형 베이스 확산영역 양끝을 연결하여 제작한 저항이다. 베이스의 薄板比抵抗이 100~500 Ω/□ 범위인 까닭에 저항값의 범위는 50~50,000 Ω이다. 그림 15-12는 베이스저항의 대표적인 예이다.

B. 핀치베이스 저항(pinched base resistor)

베이스영역의 중앙에 에미터영역을 확산시켜 만든 저항이다. 薄板抵抗은 2,000~10,000 Ω/□ 범위이며 저항조정이 힘든 단점이 있다. 저항값의 크기는 10,000~50,000 Ω 범위이다. 그림 15-13은 핀치베이스 저항의 대표적인 예이다.

C. 에미터저항

확산에미터 영역의 兩端을 접촉시킨 저항이다. 면적을 줄이고, 소자의 불필요한 기생동작 방지 및 저항조정을 위해 에미터 영역은 베이스확산 부분에 형성시킨다. 저항의 한쪽 끝은 베이스 영역에 연결된다. 에미터의 薄板比抵抗은 통상 4~10 Ω/□이며 에미터저항 값은 5~100 Ω 범위이다. 그림 15-14는 에미터저항의 대표적인 예이다.

D. 에피저항(epi-resistor)

隔壁(isolation wall)으로 둘러싸인 실리콘 에피택샬층의 兩端에 n+접촉을 한 것으로 薄板比抵抗은 400~2000 Ω/□이다. 에피저항은 에피층의 두께와 比抵抗의 變化, 隔離의 수평확산이 변하는 까닭에 저항값의 조절이 힘들다. 저항값은 보통 1,000~5,000 Ω이다. 그림 15-15는 에피저항의 평면도와 측면도이다.

158 15. 소 자

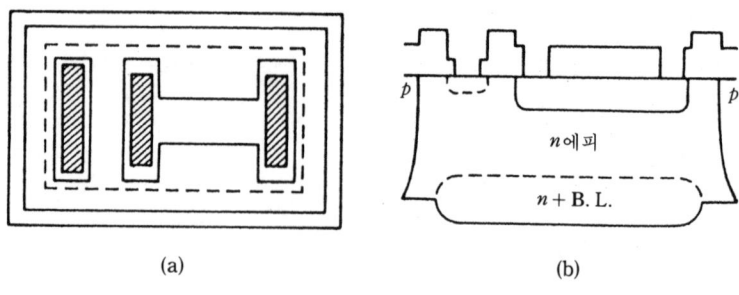

그림 15-12 베이스저항   a) 평면도 b) 측면도

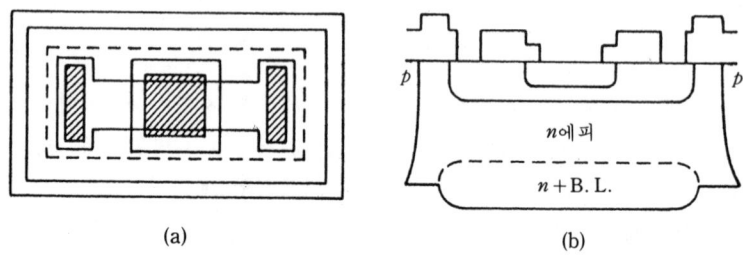

그림 15-13 핀치베이스저항   a) 평면도 b) 측면도

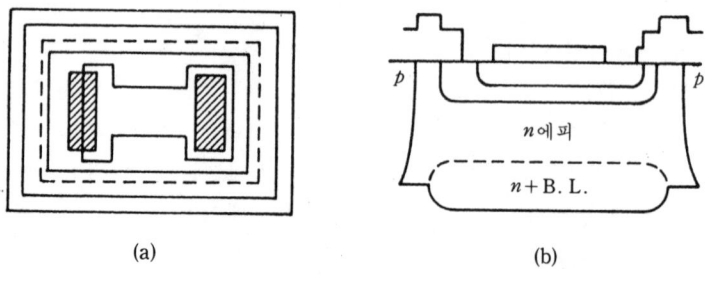

그림 15-14 에미터저항   a) 평면도 b) 측면도

E. 핀치에피저항(pinched-epi resistor)

  에피저항과 유사하나 저항중앙에 p형 베이스확산층이 또 하나 있기 때문에 전류이동부분이 감소하여 薄板저항이 에피저항보다 크다. 따라서 핀치베이스저항은 회로배치시에 에피저항 대신 사용되기도 한다. 핀치에피저항은 그림 15-16 과 같다.

15-2 표준 바이폴라기술을 이용한 소자 **159**

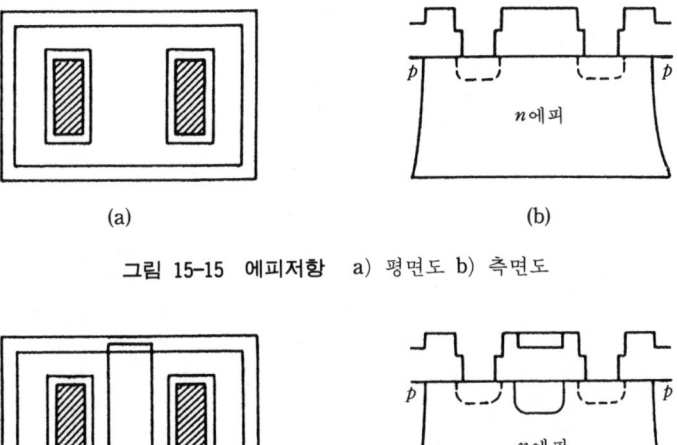

그림 15-15 에피저항 a) 평면도 b) 측면도

그림 15-16 핀치에피저항 a) 평면도 b) 측면도

5. 캐패시터

캐패시터는 회로의 電荷축적이나 회로遷移를 억제하는데 이용된다. 그림 15-17 은 캐패시터의 회로기호이다.

  A. 유전캐패시터

    두개의 導電영역을 유전층으로 분리시켜 만든 캐패시터이다. 캐패시터의 위쪽 판은 확산영역(隔離, 베이스, 혹은 에미터)중 하나와 연결된 금속막이며 다른 한쪽판으로는 확산영역이 이용된다. 이 중간에 끼어 있는 열산화막은 유전체이다. 단위 면적당 캐패시턴스는 산화막의 두께가 얇을수록 증가하는데 얇은 에미터 산화막을 캐패시터로 이용하기도 한다. 그림 15-18 은 캐패시터의 에미터 확산을 한쪽판으로 이용한 유전 캐패시터의 평면도와 측면도이다.

  B. 접합캐패시터

    역바이어스된 접합은 동작점 부근의 작은 전압에 대해서 캐패시터와 같이 동작한다. 이런 캐패시터는 누설이 작고 캐패시턴스가 일정한 유전 캐패시터를 필요로 하지 않는 경우에 사용된다. 그림 15-19 는 접합캐패시터의 평면도와 단면도이다.

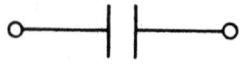

그림 15-17 캐패시터의 기호

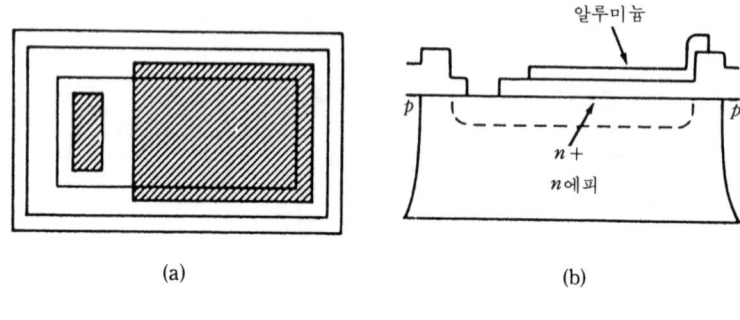

그림 15-18 유전캐패시터 a) 평면도 b) 측면도

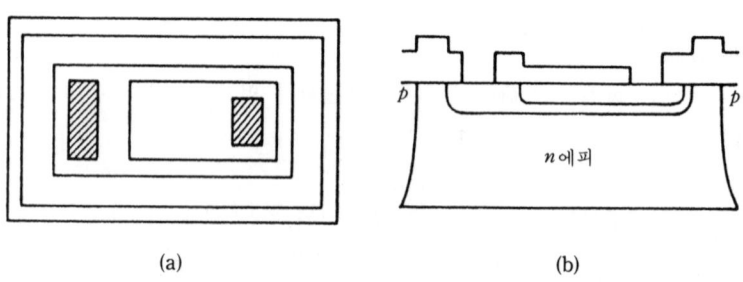

그림 15-19 접합캐패시터 a) 평면도 b) 측면도

15-3 MOS 기술

MOS 기술에도 여러가지 변수가 있지만 기본적인 사항은 MOS 제조에 필요한 특정단계에 관계 없이 모두 동일하다. MOS의 기본공정 단계는 실제 사용되는 마스크數와 같은 수도 있으나 그렇지 않은 경우도 있다. 아래에 설명한 5단계 공정은 실제 최고 10단계의 MOS 마스킹 작업이 포함되는 경우도 있다.(바이폴라 마스크의 최소갯수는 7 이다)

1. 소오스-드레인 : p형 확산을 말하며 저항과 트랜지스터 전류를 흘리는 두 단자를 형성한다.
2. 게이트酸化膜 : 제어전하(controlling charge)가 이동하는 얇은 SiO_2 성장층
3. 접점 : 소자의 전기적 연결을 가능케 한다.
4. 금속막 증착 : 소자를 전기적으로 연결하여 회로를 구성하게 한다.
5. 긁힘보호 : 완성된 회로를 물리적, 화학적으로 보호하기 위한 SiO_2증착층

그림 15-20은 대표적인 MOS 회로의 단면도이다. MOS 기술을 이용한 素子로는 다음과 같은 것을 들 수 있다

1. MOS 트랜지스터 : p채널 MOS 트랜지스터(그림 15-21)로 증폭작용도 가능하나 주로 회로의 스위칭 소자로만 이용된다.
2. 소오스/드레인 저항 : MOS 공정으로 제작 가능한 유일한 저항이다(그림 15-22). 소오스/드레인의 薄板比抵抗은 보통 $50 \sim 200 \, \Omega/\square$이며 저항값은 $50 \sim 10,000 \, \Omega$ 범위이다.

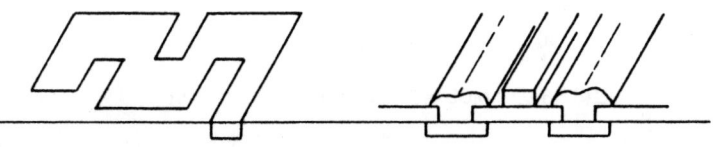

그림 15-20 MOS 회로의 단면

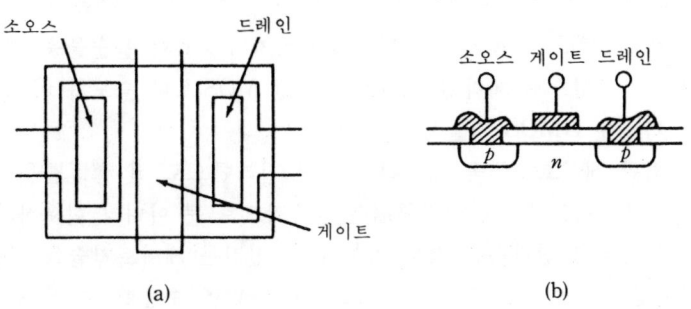

그림 15-21 p채널 MOS 트랜지스터 a) 평면도 b) 측면도

3. 캐패시터 : SiO_2 막이 형성된 실리콘의 導電영역에 형성되며 단위면적당 캐패시턴스는 산화막이 얇을수록 증가한다. 이런 연유로 게이트산화막이 캐패시터로 이용되는 수도 있다. 그림 15-23 은 MOS 유전캐패시터의 평면도와 측면도이다.

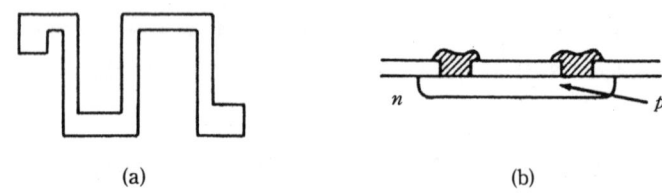

그림 15-22 소오스/드레인 저항   a) 평면도 b) 측면도

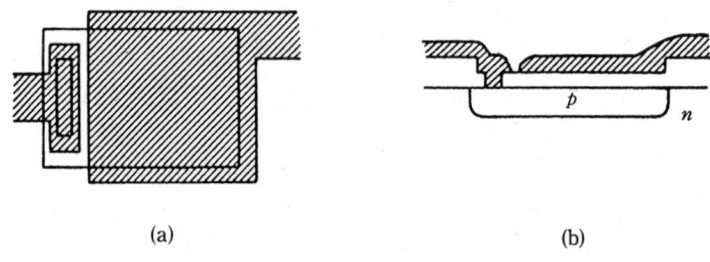

그림 15-23 MOS 유전캐패시터   a) 평면도 b) 측면도

15-4 기타 MOS 기술

기본 p채널 MOS 공정이 변화한 것으로는 다음과 같은 것을 들 수 있다.

1. n채널 MOS : p형으로 도핑시킨 n형기판에 n형 불순물을 확산시킨다. 이 기법으로 제작된 소자는 p채널 MOS 보다 속도가 빠르다. 이런 기법을 NMOS 기술이라 한다.
2. 실리콘 게이트 : 금속 대신에 다결정 실리콘으로 된 導電層을 게이트로 사용한다. 다결정 실리콘層은 금속막으로 뿐 아니라 회로상의 여러 지점을 상호 연결하는 것도 가능하다. 실리콘 게이트기술을 이용하면 단위면적당 보다 속도가 빠른 소자를 더 많이 수용할 수 있다. 이 기술은 SIGFET 기술로도 불린다.

3. CMOS : 몇가지 공정을 추가하여 한개의 칩에 p채널소자와 n채널소 자를 동시에 조합한 것으로 소비전력이 대단히 적다.
   CMOS 는 complementary MOS 를 의미한다.
4. SOS : 절연 사파이어기판 위에 산화규소층을 증착시켜 얇은 에피택샬 실리콘층을 형성한 다음 에피택샬층위에 소자를 제조하는 기술이다.
   SOS는 Silicon-On-Sapphire 를 뜻한다.

연 습 문 제

1. 공정기술을 크게 분류할 때의 두가지 부류를 열거하라.
2. 바이폴라 기술과 MOS 기술의 마스킹 단계數를 비교하라.
3. 바이폴라 npn 트랜지스터를 이용하여 다이오드를 만드는 방법을 설명하라.
4. 베이스저항과 핀치베이스 저항중 어느쪽이 단위면적당 높은 저항을 나타내는가 ?
5. p채널 MOS 트랜지스터의 단면도를 그려라.
6. 바이폴라 공정에서 npn 트랜지스터의 埋入層이 필요한 이유를 설명하라.
7. MOS 트랜지스터 구조에서 게이트 산화막을 만드는 이유를 설명하라.
8. 유전캐패시터의 장점을 접합캐패시터와 비교하여 설명하라.
9. MOS 기술로 제작가능한 소자를 열거하라.
10. 바이폴라 기술로 제작가능한 소자를 열거하라.

16. 오 염 방 지

반도체 제조공정 전반을 통해 웨이퍼와 웨이퍼처리장비의 오염을 극소화하는 것은 대단히 중요하다. 이 절에서는 오염 극소화를 위한 여러가지 단계를 아래와 같은 항목들을 중심으로 고찰해 보기로 한다.

1. 화학약품 및 세척과정
2. 물과 洗淨과정
3. 공기
4. 기체
5. 人間/세척실

앞으로의 고찰에서는 편의상 이상의 항목을 각기 기술하지만 실제 작업시는 이들 모두를 동시에 고려하지 않으면 안된다.

16-1 화학약품 및 세척과정

웨이퍼 처리에서 가장 먼저 고려해야 할 사항은 공정에 들어가기에 앞서 웨이퍼를 어떻게 세척하는가 하는 문제이다. 물론 全공정을 통해 웨이퍼를 청결한 상태로 유지해야 하지만 특히 확산이나 에피택샬 성장, 화학증착과 같은 고온처리과정에 앞서서 더욱 세심한 주의를 기울이지 않으면 안된다.

반도체에서 가장 큰 문제로 대두되는 오염형태는 크게 두가지가 있다. 그 하나는 SiO_2층 내의 이동성 이온으로 소듐이나 실리콘내로 확산되는 원소들이 그 예인데 이들은 金이나 기타 금속내에서 침전상태로 존재한다. 소듐은 SiO_2층으로부터 역바이어스가 인가된 영역으로 급격히 이동하기 때문에 반도체의 정상적인 동작을 저해하여 과잉누설과 같은 소자의 특성변화를 초래하게 된다. 소듐은 소듐 함유량이 작은 화학약품을 사용하거나 적절한 기법으로 웨이퍼를 처리하므로서 제거할 수 있다. 소듐은 인체에도 있으므로 웨이퍼 취급시 주의를 기울이지 않으면 웨이퍼나 웨이퍼 처리기기가 사람에 의해 오염될 수도 있다.

어떤 원소들은 높은 온도에서 실리콘내에서 용융되므로 웨이퍼 온도가 낮아진 후에도 계속해서 非格子 위치에 침전상태로 남아 있다. 따라서 素子의 동작시 정공과 전자의 이동이 이 원소들에 의해 방해를 받게 된다. 이러한 원소들은 소듐과는 달리 한번 오염되면 완전히 제거하는 것이 불가능하다. 그러나 웨이퍼의 高溫처리에 앞서 적절한 세척과정을 수행하므로서 그 영향을 최소한 줄일 수는 있다. 반도체산업에서 이용되는 세척방법은 여러가지가 있으나 기본적인 특성은 모두 유사하다. 웨이퍼처리의 첫단계는 출처를 알 수 없는 웨이퍼에 대한 脫脂공정으로 1, 1, 1(삼염화에탄으로 세척한 다음 아세톤과 알코올로 헹군다.)과 같은 화학脫脂劑를 사용하는 것이 보통이다. 차후 공정에서는 용해되지 않는 모든 지방성분 및 왁스(wax)가 제거된다(웨이퍼의 출처가 확실한 경우에는 脫脂공정을 생략할수도 있다). 脫脂된 웨이퍼는 다시 여러가지 용액을 사용하여 금속 및 기타 유해물질을 제거하기 위한 공정으로 돌입하며 일반적인 방법은 다음과 같다.

단 계	이 유
1. H_2SO_4 내에서 가열	1. 감광막이나 유기물질을 제거
2. 王水(Aqua regia)에 넣고 가열	2. 金 및 기타 금속을 용해
3. 희석한 HF에 일시적으로 합침	3. 오염원의 포함 가능성이 있는 SiO_2층 윗부분을 부식 시킨다.
4. 물로 세척한다.	4. 殘留酸을 제거
5. 건조	5. 다음 공정에 대한 준비 완료

따라서 웨이퍼에 악영향을 미치는 원소제거에 사용되는 화학약제는 유해원소의 포함량이 매우 작은 것이어야 한다.

한편 웨이퍼뿐 아니라 웨이퍼 처리장비와 웨이퍼처리에 직접 관련되는 모든 기기 역시 유사한 방법으로 세척해야만 한다. 이런 기기로서는 확산로, 유리기구, 웨이퍼 보트, 밀대(push rod), 열전대 차폐기구, 진공완드 등 많은 것을 들 수 있다.

16-2 물

물은 모든 세척공정의 최후 단계에서 이용되는 洗劑이므로 유해원소의 함유량이 극히 낮아야만 한다. 다음은 순수한 음료수 속에도 존재할 수 있는 오염원으로서 반도체 제조용수에 포함되어서는 안될 오염원들이다.

1. 소듐이나 칼슘염과 같은 용융무기염으로 물이 파이프나 바위속 토양을 통과시에 물에 용해된다.
2. 산업폐기물이나 生體에 기인하는 유기화합물이 용해된 것
3. 바위, 토양, 종이 등에 의한 작은 실리카입자 등과 같은 먼지
4. 오염원에 존재하는 미생물

따라서 이상과 같은 불순물이 포함된 물은 표 16-1 에 명시된 값을 만족하도록 정화한 다음 사용해야 한다.

표 16-1 반도체 제조용수와 일반 수도물의 비교

항 목	일반수도물	반도체 제조용수
비저항($M\Omega-cm$)	.0002	15-18
전해질(ppb)	200,000	<25
입자수($\#/cm^3$)	100,000	<150
생체유기물($\#/cm^3$)	100-10,000	<10

수년전까지만 해도 이온교환법과 탈이온법이 수질정화의 주류를 이루고 있었다. 이온교환은 활성수지를 이용하여 양이온과 음이온을 제거하는 방법인데 그림 16-1 은 이온교환법을 이용한 정수기의 한 예이다. 이온교환수 제조기는 일반적으로 다음과 같은 부분으로 구성된다.

1. 화학처리(염소처리라고도 한다) : 共給水내에 존재하는 모든 유기물을 살균한다.
2. 모래여과(sand filter) : 물속의 먼지를 제거한다.
3. 활성탄 여과 : 자유염소 및 유기물을 제거한다.
4. 규조토에 의한 여과(diatomaceous earth filter) : 기타 오염물을 걸러 낸다.

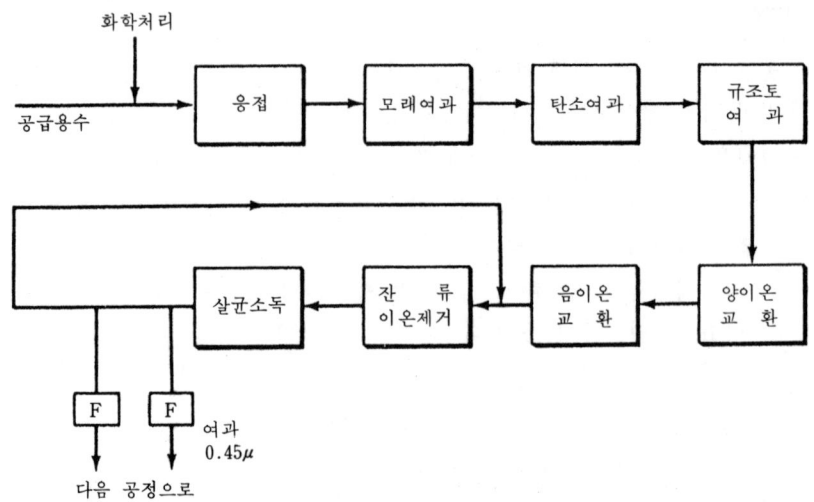

그림 16-1 이온교환을 이용한 淨水器

5. 양이온 교환(anion exchange) : 황산, 염산, 질산 등의 이온화산을 제거한다.
6. 혼합층 여과(mixed bed polisher) : 양이온과 음이온수지를 모두 포함하며 교환여과기에서 처리되지 않은 이온을 제거한다.
7. 살균 : 염소나 자외선에 의해 박테리아 성장을 억제시킨다.
8. 여과 : 웨이퍼 사용에 앞서 남아있는 먼지를 제거한다.

한편 이상의 기기들중 일부는 역삼투기(reverse osmosis : RO)에 의해 대체되고 있다. 역삼투기는 선택투과막을 통해 물을 흘리면서 압력을 가해서 물이 膜을 통과할 수 없도록 하는 방법인데 그림 16-2가 역삼투기의 대표적인 예이다. 역삼투기가 이온교환기와 다른 점은 pH조정과 여과 및 역삼투를 이용한다는 점이며, 나머지 모든 단계는 동일하다. 특히 역삼투는 이온교환수지가 재생되는 주기를 감소시킨다는 점에서 대단히 효과적이다.

물을 일정수준까지 정화시킨 다음에는 水質을 그대로 유지하면서 반도체 제조 설비전체에 배분해야 하는데 이 때 물이 재오염되는 것을 막기 위해 불활성 플라스틱 파이프를 통해 물을 공급한다.

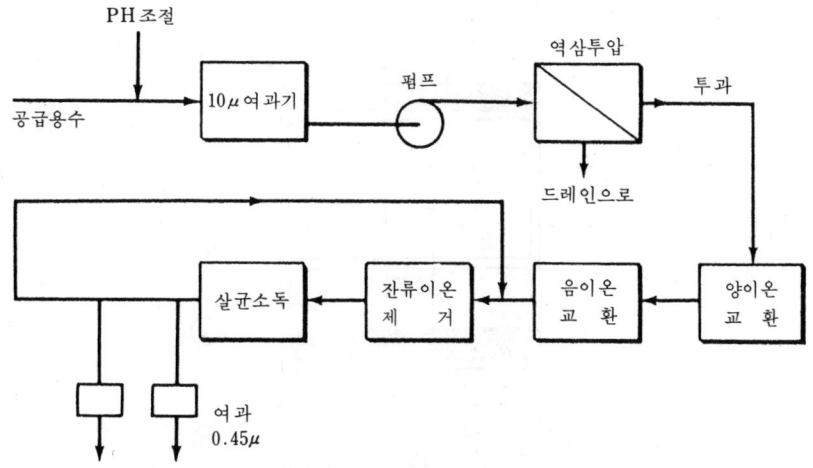

그림 16-2 역삼투를 이용한 정수기

16-3 공 기

공기조절에서 가장 중요한 세가지 변수는 온도, 습도 및 먼지이다. 온도와 습도는 공기처리장비의 형태, 양 및 설치점(set point)에 의해 결정되지만 먼지는 다른 방법으로 처리해야만 한다. 특히 먼지는 세척이나 웨이퍼 장진(loading operation) 및 감광막공정등에 치명적인 결과를 초래할 수 있기 때문에 이러한 공정에서는 공기중의 먼지 농도를 조절하여 나쁜 결과가 초래되지 않도록 해야 한다. 따라서 소자제조시에는 특정 공정에서 라미나후드(laminar flow hood) 등을 사용하는데 그림 16-3은 수직라미나후드를 도시한 것이다.

라미나후드를 이용한 공기흐름제어는 공기저장용기로 房(room)을 이용하는데 房의 공기를 여과한 다음 여과된 공기를 평형 혹은 라미나패턴(lamina pattern) 내의 작업장으로 불어주는 방법이다. 라미나를 이용하여 공기를 흘리면 오염이 가속되는 영역이 형성되는 것을 방지할 수 있다. 라미나후드를 이용한 공기조절에서 가장 중요한 것은 헤파여과기(HEPA filter : High Efficiency Particulate Air)이다. 헤파여과기는 부서지기 쉬운 단점은 있지만 크기가 0.3μ 이상인 먼지를 99.97% 이상 여과할 수 있

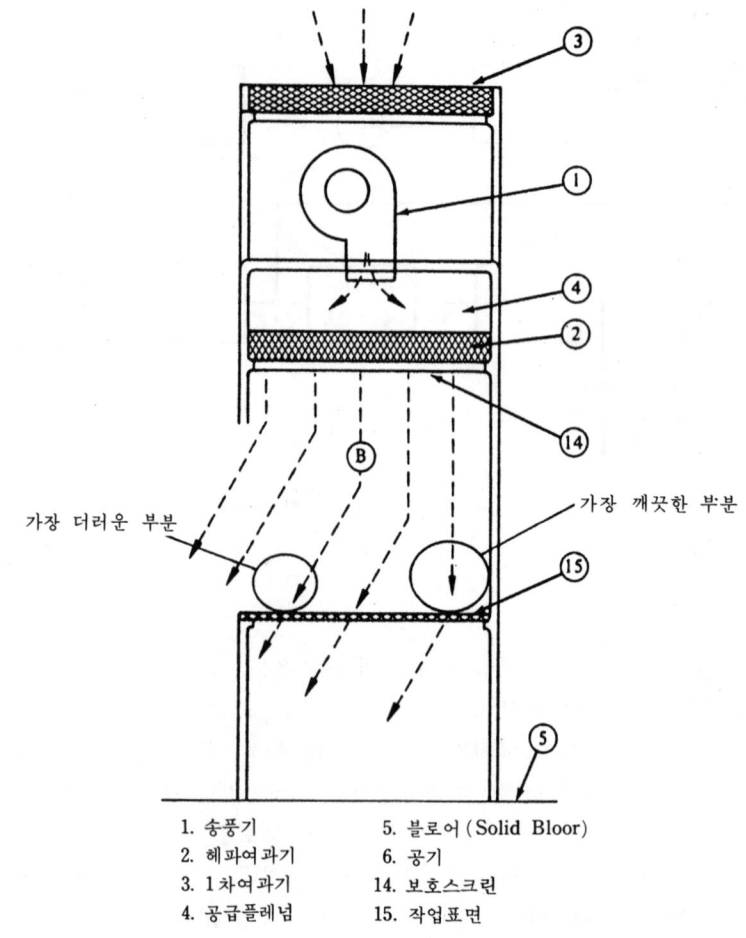

그림 16-3 수직라미나후드

1. 송풍기
2. 헤파여과기
3. 1차여과기
4. 공급플레넘
5. 블로어(Solid Bloor)
6. 공기
14. 보호스크린
15. 작업표면

으므로 대단히 효율적이다. 따라서 라미나후드를 이용한 공기조절에서는 검사를 거친 헤파여과기의 사용은 필수적이다.

16-4 기 체

반도체제조에 필요한 기체는 질소, 산소, 수소, HCl, 암모니아 외에도 여러가지가 있다. 이런 기체를 이용할 때는 웨이퍼가 기체에 의해 오염되지 않도록 세심한 주의를 기울여야 한다. 산소나 질소를 이용할 경우에는 구리관을 사용하지만 내식성이 우수한 스테인레스철을 사용해도 무방하다. 특히 기체 사용시는 반드시 여과기를 사용하여 웨이퍼가 먼지에 의해 오염되는 일이 없도록 해야 한다.

16-5 인체/청정실

웨이퍼제조시에 가장 주의해야 할 오염원은 바로 모든 공정을 수행하는 인간이다. 인체는 끊임없는 신진대사를 계속하므로 유기물의 근원이 된다. 따라서 인체에 의한 오염방지를 위해 몇가지 단계가 추가된다. 그 첫번째로는 웨이퍼제조장을 조절부와 분리시키는 것이다. 작업장 내에서의 작업복(smock) 착용은 작업자를 보호하기 위한 것일 뿐 오염방지에는 거의 도움이 되지 못한다. 작업자에 의한 오염방지에 가장 효과적인 방법은 작업자가 겉옷 뿐 아니라 손과 발이 모두 덮이는 옷을 착용하는 것이며 옷은 주기적으로 세탁하여 옷에 축적되는 오염물의 양을 최소로 유지해야 한다.

연 습 문 제

1. SiO_2층 내의 이동성 오염물질로서 인체에 의해서도 오염될 수 있는 원소는 무엇인가?
2. 반도체 공정용 純水를 얻기 위한 두가지 방법을 열거하라
3. 출처를 알 수 없는 웨이퍼가 있다고 하자. 사용에 앞서 산이나 용제중 어느 것으로 먼저 세척해야 하나? 그 이유는 무엇인가?
4. 웨이퍼 제조장의 중요부분에 라미나후드를 설치하는 이유를 설명하라.
5. 소자제조용 웨이퍼에 대해 실시하는 세척단계를 나열하고 설명하라.
6. 이온교환수 정화공정을 도시하라.
7. 반도체 제조공정에서 정화된 물을 분배하는 방법을 설명하라.
8. 반도체 공정에서 각종 기체를 운반하는데 가장 널리 쓰이는 금속은 무엇인가?

9. 오염조절을 위한 웨이퍼 제조장을 도시하고 설명하라.

17. 최근의 실리콘 기술

실리콘 기술은 1960년대 초기 고체소자(solid-state-device) 제작에서 큰 비중을 차지하게 된 이래 급속도로 발전되고 있다. 이러한 발전은 소자의 재질, 소자 및 소자제작공정에 대한 보다 확실한 이해에 그 기반을 두고 있다. 실리콘 기술의 놀라운 발전은 기능당 단가 감소에 힘입어 실리콘소자의 기능을 크게 다양화 시켰다. 실리콘 기술은 앞으로도 수십년동안은 계속해서 발전할 것으로 생각되는데 본절에서는 최근의 기술과 이들이 고체소자 기술에 미치는 영향을 고찰하기로 한다.

17-1 기술추세 : 기판 크기와 소자 밀도

실리콘 기술이 소자 기능당 단가를 격감시킨 것은 크게 두가지 요인에 기인한다. 즉, 보다 큰 웨이퍼의 사용과 보다 작은 면적에 소자제작이 가능해지므로서 포장밀도(packing densities)가 크게 증가된 때문이다.

여러해에 걸쳐 증가해온 실리콘기판의 크기는 공정기술이 계속 발전하는 계기가 되었다. 매년 收率 감소를 막기 위해 보다 큰 기판을 사용하게 되었고 웨이퍼 전체의 質을 균일하게 유지하기 위해서는 공정기술의 발달이 불가피하게 되었다. 웨이퍼가 커지게된 가장 큰 원인은 원가절감에 있다. 웨이퍼 크기 증가에 수반되는 공정단가의 상승은 작은 반면 收率이 동일할 때의 良다이(die) 總數는 크기의 증가에 비례하기 때문이다. 보다 큰 웨이퍼를 생산하기 위한 결정성장기(crystal grower)의 발달은 현재도 계속되고 있으며 앞으로 실리콘 웨이퍼의 크기가 어느정도에 까지 이를지는 누구도 장담할 수 없는 처지이다. 보다 큰 웨이퍼를 사용하기 위해서는 웨이퍼의 두께 또한 증가시켜야 하는데 이것은 웨이퍼가 커질수록 쉽게 파괴되기 때문이다. 웨이퍼는 성장시킨 결정을 절단한 것이며 성장된 결정의 2/3가 바로 이 절단시에 폐기된다. 그래서 현재는 종래에 사용해온 실리콘 웨이퍼 성장의 代案으로 EFG(Edge-defined Film-fed Growth)라는 결정성장 기술을 이용하게 되었다. EFG 기술을 사용하면 웨이퍼 리본의 폭과 두께를 선택하여 성장시킬 수 있으며 실리콘 리본도 원하는 크기로 절단이 가능하다. 또 웨이퍼 처리 공정도 최소로 줄일 수 있으므로 기판 단가를 크게 낮출 수가 있다.

EFG 기술로 생산된 리본은 감광막 제조용 기판으로 사용 가능함이 이미 실험으로 입증되었다. 이 기술을 이용하면 상당히 경제적인 단가로 良質의 光다이오우드 제작이 가능하므로 앞으로 계속해서 발전이 이루어진다면 태양복사열을 전기로 변환하는데도 이용 가능할 것이다. 장래, EFG 실리콘의 파급효과는 여러가지 변수에 의해 결정될 것이다. 원형 웨이퍼의 사용은 공정의 안정화를 가능하게 할 것이므로 새로운 기판제조공정이 공정의 안정화에 미칠 영향은 예측하기 어렵다.

17-2 배열/노출

포토마스킹에서 기술한 바 있는 배열/노출은 현저한 기술발달이 일어나고 있는 또 다른 부분이다. 종래의 배열기는 감광막노출에 이용하는 빛의 波長이 마스크에서 웨이퍼로 옮길 수 있는 최소 크기였다. 이는 노출시 마스크와 웨이퍼 사이에 여백이 있으면 빛의 屈折이 일어나기 때문이다(회절이란 빛이 가장자리를 통과할 때 휘는 현상을 말한다). 따라서 이상적인 경우에 영상전달이 가능한 최소의 크기는 빛의 파장과 같은 거리이나 실제 제작시에는 웨이퍼와 마스크의 平度(flatness)와 먼지 등으로 인해 이 크기마저도 불가능했었다. 수은 아크 등의 波長은 약 4000Å 이고 光學기술을 이용한 실재 最小線幅은 $0.5 \sim 1.0\mu$ 범위이다. 최근 연구보고에 의하며 크기가 최소선 폭의 5배 이하인 소자의 제작이 가능하게 되었다. 감광막 노출광의 波長에 기인하는 이런 근본적인 제약은 노출시에 보다 짧은 파장을 이용하면 해결이 가능하다. 감광레지스터를 보다 짧은 파장으로 노출하기 위한 방법으로서는 X 선이나 전자를 이용하는 두가지 길이 있다.

多數의 X線源을 이용하여 X선을 발생시키면 인체에 만성적인 문제를 일으킬 정도의 에너지를 갖지는 않으며 이런 軟 X 線의 파장은 5~15Å 정도이다. 이 범위의 파장을 가진 빛을 이용하면 종래의 방법과는 달리 회절이 큰 문제가 되지 않는다. X線源과 X 線 감광레지스터를 이용한 노출에 필요한 것은 마스크와, 마스크 웨이퍼에 배열하는 방법이 전부이다.

그림 17-1은 X 線 노출기의 개략도이다.

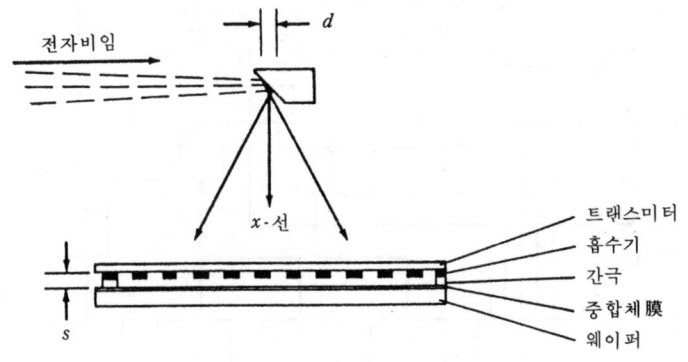

그림 17-1 軟 X 線노출기의 개략도

X 線노출기에서 문제가 되는 것은 적합한 마스크의 제작과 웨이퍼의 영상에 마스크를 어떻게 맞추는가 하는 것인데 현재에도 이에 대한 연구가 계속되고 있다. 한편 전반적인 작업측면에서 볼 때에는 X 線이 공기중에서는 짧은 거리 밖에 이동할 수 없으므로 웨이퍼를 진공중에서 노출시켜야 하고 따라서 공정이 다소 복잡해질 것이다. 전자비임을 이용한 노출은 X 線 노출이 갖는 장점뿐 아니라 다른 장점도 갖고 있다. 전자는 전하이지만 파동성으로도 볼 수 있으며 전자를 이용한 노출기의 파장은 1Å 보다도 짧다. 전자비임은 기존장비로서도 쉽게 발생시킬 수 있다는 장점이 있다. 그러나 이 방법 역시 전자에 감응하는 레지스터의 발견, 노출용 마스크의 제작 및 마스크를 웨이퍼의 기존 패턴에 맞추는 등의 문제점을 내포하고 있다. 그림 17-2는 전자비임 노출기의 개략도이다.

이상의 두가지 노출방법은 기능적인 면에서 서로 필적하는 것 처럼 보이기는 하나 전자비임 노출기쪽이 훨씬 유리하다. 그 이유는 첫째, 전자비

176 17. 최근의 실리콘 기술

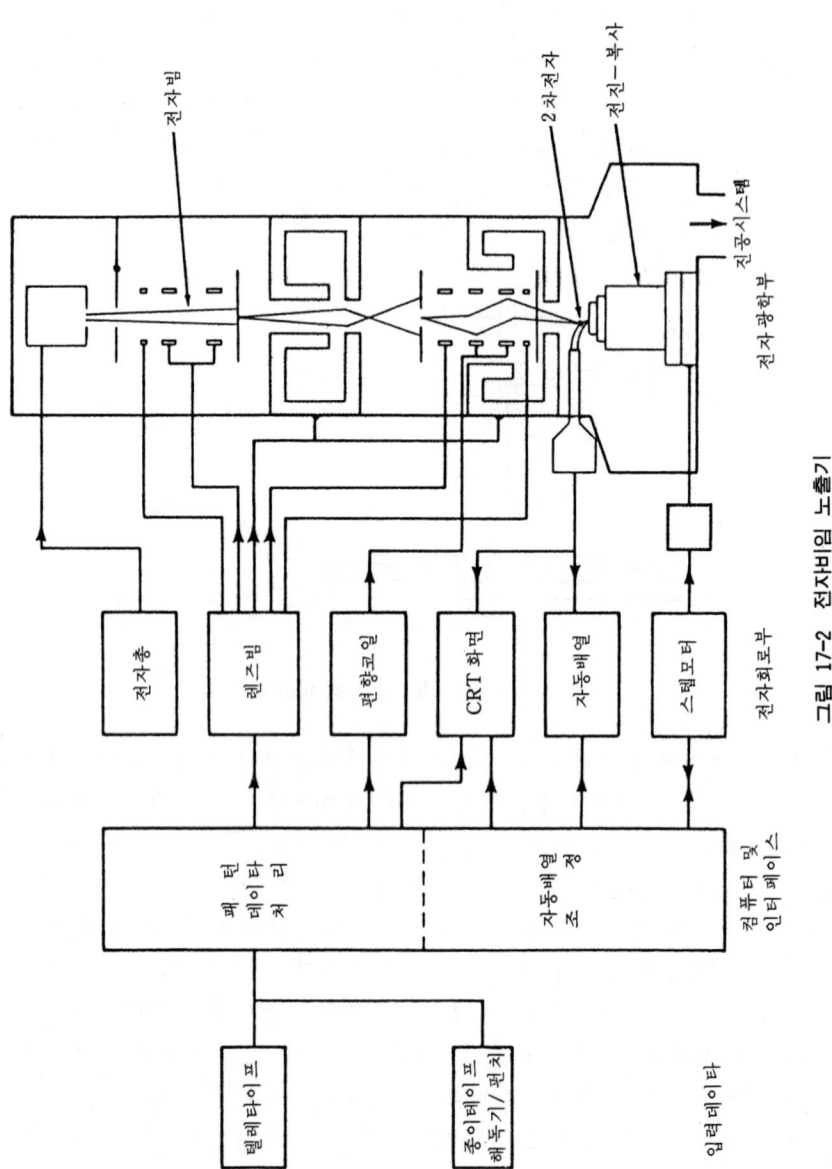

그림 17-2 전자비임 노출기

임 현미경의 배율이 대단히 높은 점을 이용하여 전자비임을 倍率 뿐 아니라 配列에 적합하게 변경하면 마스크와 웨이퍼의 배열문제를 해결할 수 있다는 점이다. 둘째, 전자비임은 전하의 흐름이므로 비임을 켜고 끄는 것 뿐 아니라 편향 시키는 것이 가능한 점이다. 이 말은 저항성 레지스터 (resistive resist)층의 노출에 마스크가 필요치 않음을 나타내며, 전자비임을 走査하고 차단하는 것 만으로 노출이 가능하다는 것이다. 이와같이 전자비임을 컴퓨터로 제어하여 주사하므로서 웨이퍼를 노출시키는 방법은 가능성이 대단히 높다. X 선과 전자비임을 이용한 노출은 양쪽 모두 가능성은 높지만 대규모 생산에 이용되기 위해서는 앞으로도 계속 발전이 이루어져야만 할 것이다.

17-3 공정기술의 발전

공정기술은 여러 부분에서 꾸준한 발전을 거듭해 오고 있는데 그중 회로 및 收率에 가장 큰 영향을 미친 것은 실리콘의 선택적 산화가 가능하게 된 것이다. 이 기술은 Fairchild 의 Isoplanar Process에 상술되어 있다. 이 공정은 대개 다음과 같은 순서로 이루어진다. 얇은 산화규소막이 형성된 에피택샬 실리콘 웨이퍼상에 질화규소를 증착시킨 다음 질화규소에 마스크를 한 후 부식시켜 웨이퍼가 드러나게 한다(그림 17-3 a 참조). 그림 17-3 b 와 같이 질화규소막이 형성되지 않은 부분을 통해 실리콘 에피택샬층을 부식 시킨 다음, 웨이퍼를 산화로내에 넣어 성장산화막이 에피택샬층을 통과하도록 한다. 1μ 두께의 실리콘막은 약 2μ 정도의 산화규소막을 형성하므로 산화규소 영역은 에피택샬층을 서로 분리시키는 한편 높이는 웨이퍼의 표면과 같아진다(그림 17-3 참조).

이 공정에서 가장 중요한 열쇠는 질화규소가 실리콘보다 늦게 산화된다는 점이다. 도전형태가 다른 실리콘 대신에 산화규소 영역을 이용하여 능동소자를 분리시키면 소자의 밀도를 크게 높일 수 있다. 한편 MOS 회로에서 이 기술을 적용하면 소자 제작이 용이할 뿐 아니라 점유면적을 줄일 수 있다.

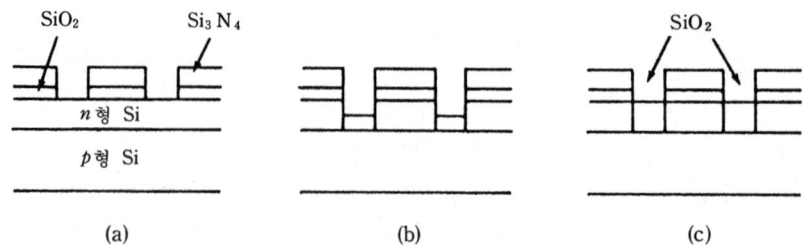

그림 17-3 실리콘의 국부산화   a) 질화규소 제거 b) 실리콘제거 c) 최종상태

17-4 素子技術의 발달

최근에 이루어진 두가지 소자기술은 앞으로의 기술방향에 큰 영향을 미칠것으로 보이는데 그중 하나가 전하결합소자(CCD : charge coupled device)의 발견이다. 전하결합소자는 도핑농도가 낮은 실리콘기판에 SiO_2 薄膜을 입힌 다음 일련의 금속전극을 부착시킨 구조를 이루고 있다(그림 17-4). 전하결합소자내의 전하는 전극인가전압에 의해 생성되는 電位우물 (potential well) 內에 갇히게 되므로 전하를 이동시키기 위해서는 현재 전하가 갇혀있는 우물과 인접한 곳에 이보다 더 깊은 우물을 만들어 캐리어가 전하결합소자로 형성된 우물로 떨어지게 하면 된다(그림 17-5). 따라서 각 금속전극에 인가하는 전압을 달리하면 인가전압에 따라 전위우물의 깊이가 달라지게 되므로 전하패킷(packet)을 이동시킬 수 있게 된다.

전하결합소자는 구조가 이처럼 간단하기 때문에 제조공정단계 역시 數단계에 불과하며 저렴한 가격으로 대규모 회로의 구성이 가능하다. 넓은 면적이 요구되는 회로로는 디지탈 기억소자, 光센서 및 신호처리소자 등이 있으며 이들에 대한 전하결합소자 기술의 적용이 시도되고 있으며 성공사례도 상당수 알려져 있다. 또 하나의 획기적 기술로는 集積注入論理(I^2L : Integrated Injection Logic)를 들수 있다. 集積注入論理는 바이폴라 기술의 연장으로 보다 좁은 면적에서 많은 디지탈 기능을 발휘할 수 있다는 특징이 있다. I^2L 기술은 이미 바이폴라 기술이 표준이 되었으며 逆從型 npn 트랜지스터를 이용한 기술이다. 그림 17-6에서 보인 바와 같이 n^+영역이 에미터접지가 되는데 기판을 에미터접지로 이용하기 때문에 칩의 점유면적을 최소로 할 수 있다. 그러나 실제 회로에 응용시에는 분리된 여러개의 콜렉터 영역을 만들어 주어야 한다. 橫型 npn 트랜지스터 역시 기본 I^2L 회로의 일부를 구성하는데 그림 17-6에서와 같이 npn 트랜지스터의 베이스에 전류를 공급하는 역할을 한다.

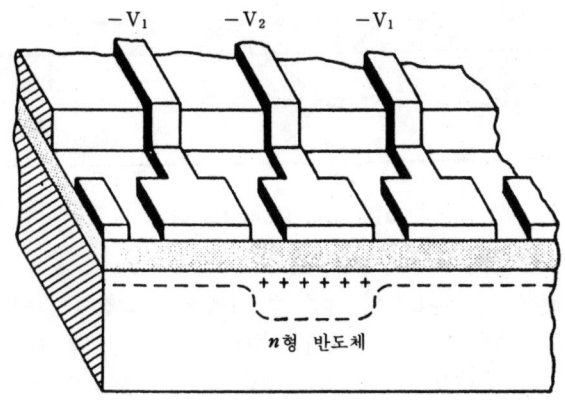

그림 17-4 저장모드일 때의 전하결합소자. $-V_2$가 $-V_1$보다 크므로 전위우물이 형성되어 전자가 갇힌 형태

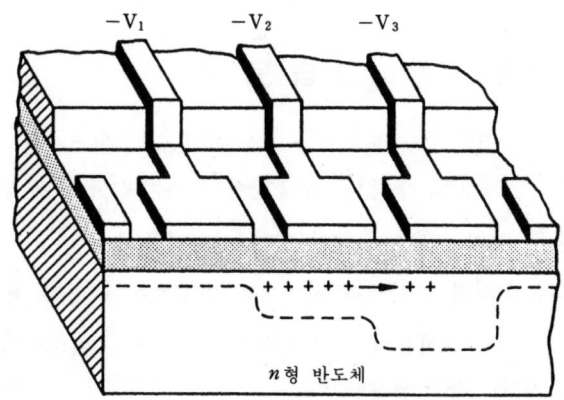

그림 17-5 높은 전압인 $-V_3$가 그림 17-4의 경우보다 더 깊은 우물을 생성함에 따라 전하가 다음 전극으로 이동한다.

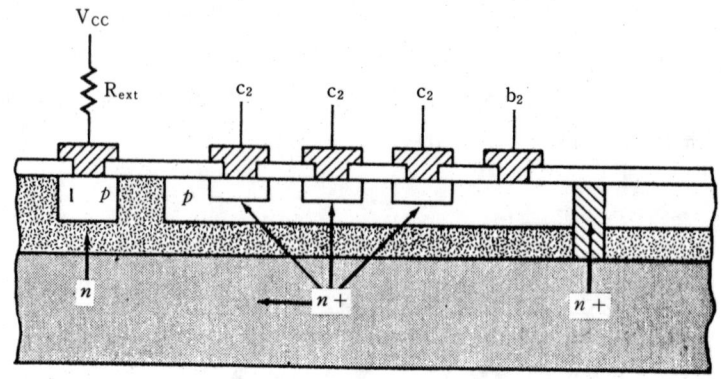

그림 17-6 I^2L 회로의 단면

集積注入論理는 소요면적이 작은 것 외에도 소모전력이 대단히 작은 장점이 있어 많은 회로를 병합, 페키지 형태로 사용된다. I^2L 기술은 기존 바이폴라기술과 호환성이 있으므로 앞으로는 I^2L 회로와 바이폴라 회로를 조합하여 회로를 구성하게 될 것이다. 이 때 기존 바이폴라 회로는 入出力 素子로, 밀도가 높은 I^2L 素子는 소자기능을 담당하게 될 것이다.

연 습 문 제

1. 얇은 실리콘 리본을 성장시키기 위한 결정 성장법의 명칭은?
2. 素子의 크기를 줄일 수 있는 노출방법 두가지를 들어라.
3. 질화규소와 실리콘중 어느쪽이 빨리 산화하는가?
4. I^2L 회로가 종래의 바이폴라 회로보다 고밀도인 이유를 설명하라.
5. 큰 실리콘 웨이퍼 이용시의 근본적인 장점은? 실리콘 웨이퍼의 크기에 제약을 주는 것은 무엇인가?
6. 黃色光을 사용하여 마스크에서 웨이퍼로 전달 가능한 최소크기를 구하라.

7. 최신 반도체기술을 사용했을 때 마스크에서 웨이퍼에 전달가능한 최소 크기는?
8. 전자비임을 이용한 노출시의 장점 2가지를 들어라.
9. 전하결합소자의 구조를 그리고 동작을 설명하라.
10. 전하결합소자기술의 최대장점을 설명하라.

18. 非실리콘 기술

지금까지 언급한 공정기술은 非실리콘系 반도체 및 非반도체 재질에도 적용이 가능하다. 본 절에서는 非실리콘系 소자에 대한 실리콘 반도체기술의 적용에 대해 언급하고자 한다.

18-1 發光다이오드

발광다이오드는 갈륨비소나 갈륨비소-인화물과 같은 III-V族 화합물 반도체로 제조한다. 이런 반도체는 III-V族 반도체라 하며 이는 화합물의 구성원소중 하나는 주기율표상의 III族, 다른 하나는 V族에 속하는데 기인한다. III-V族 화합물 반도체내의 전자는 다이오드에 전류가 흐르면 빛을 방출하는 성질이 있다. III-V族 반도체를 이용한 다이오드 제조기술은 표준실리콘기술과 거의 유사하며 공정단계는 다음과 같다.

1. 적합한 기판위에 에피택샬층을 형성한다.
2. 저온화학증착법(LTCVD)으로 기판 前面에 SiO_2 보호막을 형성한다.
3. 사진석판공정으로 웨이퍼 前面에 영상을 옮긴다.
   a. 감광막을 입힌다.
   b. 마스크를 이용하여 감광막에 패턴을 옮긴다.
   c. 감광막을 마스크로 이용하여 산화규소막을 국부적으로 부식, 제거한다.
4. 고온에서 확산시켜 다이오드를 제조한다.
5. 다이오드에 전극을 부착한다(저항성 접촉).
6. 기판위의 다이오드들을 개개 혹은 어레이(array)로 분리한다.
7. 시험후 포장한다.

18-2 光集積回路

發光다이오드 응용이 가장 오래된 분야는 光集積回路일 것이다. 발광다이오드는 기판위에 제조되며 發光領域과 感光領域을 동일 기판위에 제작하는 것이 가능하다. 최근 연구보고에 따르면 發光領域과 感光領域을 光도파관기능을 하는 중간 영역으로 연결할 수 있음이 밝혀졌다. 즉, 빛의 발생 및 빛의 송수신 영역을 동일 기판위에 제작하므로 光集積回路의 제조가 가능하게 되었다. 光集積回路의 유용성을 증명하는 것은 공학도 및 자연과학도에 주어진 과제라 할 수 있을 것이다.

18-3 액정표시(LCD : liquid crystal display)

LCD(liquid crystal display)는 응용범위에서 發光다이오드에 필적하며 특히 시계 제조분야에서 널리 이용되고 있다. LCD란 명칭은 그 구성에 기인한다. LCD는 두개의 유리판이 12μ 간격으로 분리되어 있고 유리판 사이에 液晶을 채운 것으로 유리판은 완전히 봉입되어 있다. LCD의 영상은 유리판 표면의 부식부분 즉, 두개의 도전성膜에 나타난다.

LCD의 거동을 살펴보면 두개의 도전성膜에 전압이 인가되면 液晶내 分子方向이 변하게 되므로 표시부분을 통과하는 빛은 전압이 인가된 곳에서 불균일하게 산란 혹은 반사되어 영상으로 나타난다. LCD는 스스로 빛을 발하지는 않지만 반사광이나 투과광을 이용하여 표시를 할 수 있으며 소모전력도 發光다이오드보다 훨씬 작은 장점이 있다.

18-4 수정발진자

결정형태의 산화규소 즉, 석영은 圧電材質로서 회로에 넣어 전압을 인가하면 진동에 의해 출력을 발생한다. 이 때 발생하는 출력 주파수는 결정의 물리적 諸變數값에 따라 달라진다. 석영이 산화규소란 점을 감안하면 석영을 이용한 時間素子 제작에 실리콘 반도체기술을 이용하는 것이 놀라운 일은 아닐 것이다. 석영을 이용한 時間素子 제작시에 가장 중요한 공정은 석영 웨이퍼에 영상을 옮기는 일과 불필요한 산화규소를 부식시켜 제거하는 과정이다. 수정발진자는 동시에 많은 양을 생산할 수 있으며 이것은 수정발진자가 마이크로 전자기술에 이용되는 까닭이기도 하다.

18-5 磁氣버블 및 磁域素子(magnetic domain device)

과거 십수년에 걸쳐 자기버블(magnetic bubble)의 생성, 이동, 및 반응을 조작할 수 있다는 사실이 확인되었다. 실제의 버블이란, 이 버블이 매립된 磁氣薄膜의 분극방향과는 정반대의 분극방향을 나타내는 원통형 磁域(magnetic domain)을 가리키는 말이다. 버블은 광범위한 조건에서 안정하며 고속이동도 가능하다. 磁氣薄膜 표면에 제어영역을 만들기 위한 기술은 집적회로 제조기술과 유사하며 자기버블을 이용한 기억소자는 반도체 기억소자에 필적하는 것으로 알려져 있다.

18-6 하이브리드 기술

하이브리드 기술은 일반 기판위에 여러개의 소자와 회로를 상호 연결하여 전기적 성능을 발휘하게 하는 것으로 薄膜과 厚膜으로 나눌 수 있다.
薄膜하이브리드 회로의 제조는 아래에 기술한 순서로 이루어진다.

1. 기판에 금속박막을 진공증착시킨다.
2. 기판에 감광막을 입힌 다음 건조, 노출시킨다.
3. 금속막을 선택적으로 부식시켜 패턴을 만든다.
4. 다이오드, 저항, 트랜지스터 및 캐패시터 등의 능수동소자를 기판에 부착하여 회로를 완성한다.

한편 厚膜구조는 熱分解에 의한 증착이나 스크리닝(screening)후 燒結하는 방법으로 제조한다. 厚膜구조는 도체, 저항 및 캐패시터만 제조할 수 있으며 나머지 소자들은 個體를 알루미나 기판에 붙여야 한다. 厚膜은 두께 10 mil (0.25 mm) 이상인 膜으로 기판에 패이스트(paste)를 발라 소결한 것이다. 厚膜의 종류는 도전성, 저항성 및 절연성으로 나눌 수 있다. 패이스트는 스크린인쇄로 바르며 素子종류에 따라 사용하는 패이스트의 성분도 다르다. 세라믹 기판에 패이스트를 실크스크린 한 후에는 건조하여 소결시키면 최종특성을 나타내게 된다.

厚膜기술은 薄膜기술보다 단가는 낮지만 점유면적이 넓은 단점이 있다. 한편 厚膜회로는 저항값이 $5\,M\Omega$ 이하이고 저항의 허용오차가 $\pm 1\%$ 정도인 회로에 사용이 국한된다. 따라서 厚膜은 사용주파수가 1GHz 이하인 회로로서 허용오차 및 線의 정확도에 대한 정밀성이 요구되지 않는 경우에 한해 이용된다. 반면에 薄膜공정은 고주파, 마이크로파 회로 등 미세한 線幅 및 정밀한 회로소지가 요구되는 응용에 적합한 기술이다.

연 습 문 제

1. LED 가 LCD 에 비해 소모전력이 더 큰 이유를 설명하라.
2. 석영을 타이머로 이용하는 이유는?
3. 厚膜회로와 薄膜회로의 근본적인 차이점을 설명하라.
4. 發光다이오드의 제조공정을 설명하라.

해 답

1장 반도체 물리 I

1. 도우너 원자인 인만이 첨가되었으므로
   $N_D = 10^{15}/cm^3$, $N_A = 0$ 이며
   도우너 원자가 모두 이온화 한다고 가정하면
   $n = 10^{15}/cm^3$이다.
   $n = p = n_i^2$ 이므로 $n_i^2 = 2 \times 10^{20}/cm^6$
   따라서
   $p = \dfrac{n_i^2}{n} = \dfrac{2 \times 10^{20}}{10^{15}}/cm^3 = 2 \times 10^5/cm^3$
   그림 1-7에서 比抵抗을 구하면
   $\rho = 5 \, \Omega\text{-cm}$

2. 억셉터 원자인 붕소만이 첨가되었으므로
   $p = N_A = 2 \times 10^{16}/cm^3$, $np = n_i^2$ 이므로
   $n = \dfrac{n_i^2}{p} = \dfrac{2 \times 10^{20}/cm^6}{2 \times 10^{16}/cm^3} = 1 \times 10^4/cm^3$
   그림 1-7에서 비저항을 구하면
   $\rho = 1 \, \Omega\text{-cm}$

3. 비소는 도우너이므로 $N_D = 3 \times 10^{17}$ atoms/cm^3 이며 붕소원자는 억셉터이 므로 $N_A = 5 \times 10^{17}$ atoms/cm^3 이다.
   도우너 원자 한개와 억셉터 원자 한개가 서로 상쇄되므로 2×10^{17}개의 억 셉터 원자만이 남게 된다. ($p = N_A - N_D = 2 \times 10^{17}/cm^3$)
   따라서
   $n = \dfrac{n_i^2}{p} = \dfrac{2 \times 10^{10}/cm^6}{2 \times 10^{17}/cm^3} = 1 \times 10^3/cm^3$

4. $R_S = 4.5 \dfrac{V}{I} = (4.5) \dfrac{5 \times 10^{-3}(V)}{4.5 \times 10^{-3}(A)} = 5 \, [\Omega]$

5. 어떤 물질의 막대저항 R 은

$$R = \dfrac{\rho L}{\text{폭} \times \text{높이}} = (2 \, \Omega\text{-cm}) \dfrac{100 \, \mu}{5 \, \mu \times 2 \, \mu} = 20 \, \Omega\text{-cm}/\mu$$

$R = 200,000 \, [\Omega]$

6. 억셉터 원자인 붕소만이 첨가되었으므로

$N_A = 5 \times 10^{16}/\text{cm}^3, \quad N_D = 0$

억셉터 원자가 모두 이온화 하면

$p = 5 \times 10^{16}/\text{cm}^3$

따라서 전자농도 n 은 $n \cdot p = n_i^2$ 에서 구하면

$n = \dfrac{n_i^2}{p} = \dfrac{5.9 \times 10^{26}/\text{cm}^6}{5 \times 10^{16}/\text{cm}^3} = 1.18 \times 10^{10}/\text{cm}^3$

7. 진성캐리어의 농도가 °K당 6%의 지수적 증가를 나타내므로

$n_i = e^{0.06 \Delta T} \cdot 2.43 \times 10^{13}/\text{cm}^3$

소수캐리어의 농도는 다수캐리어 농도의 2%이므로

$\dfrac{N_P}{P_P} = 0.02 = \dfrac{n_i^2}{P_P^2} = \dfrac{(e^{0.06 \Delta T})^2 \, (2.43 \times 10^{13})^2}{(5 \times 10^{16})^2}$

이를 ΔT 에 대해 풀면

$\Delta T = 94.6 °K$

따라서 $T = 394.6 °K$ 이다.

8. 정공과 전자의 농도를 이용하여 진성캐리어의 농도를 구하면

$n_i = (n \cdot p)^{1/2} = (1 \times 10^{15}/\text{cm}^3 \cdot 4 \times 10^{13}/\text{cm}^3)^{1/2}$

$\quad = 2 \times 10^9/\text{cm}^3$

따라서 순불순물 농도는 전자농도와 거의 같다.

$(N_D - N_A) = 1 \times 10^{15}/\text{cm}^3$

9. 전기적으로 중성이 되기 위해서는 $5 \times 10^{16}/\text{cm}^3$의 도우너를 첨가해야 한다.

10. 막대의 칫수와 저항으로 부터 比抵抗을 계산하면

$R = \dfrac{\rho L}{H \cdot W}$ 이므로

$$\rho = \frac{R \cdot H \cdot W}{L} = \frac{(10\,\Omega)(0.1\,\text{cm})(0.1\,\text{cm})}{1\,\text{cm}} = 0.1\,[\Omega\text{-cm}]$$

n 형 막대이므로 그림 1-7 에서 도우너 농도를 구하면
$N_D = 5 \times 10^{17}/\text{cm}^3$

2장 반도체 물리 II

1. 막대가 억셉터 원자만을 포함하므로 $n = N_D = 2 \times 10^{15}/\text{cm}^3$이다. 따라서 정공의 농도 p는

$$p = \frac{n_i^2}{n} = \frac{2 \times 10^{20}/\text{cm}^6}{2 \times 10^{15}/\text{cm}^3} = 1 \times 10^5/\text{cm}^3$$

傳導度 $\sigma = q(\mu_n n + \mu_p p)$ 이고 $n \gg p$ 이므로
$\sigma \cong q\mu_n n$ 이 된다. 따라서 비저항 ρ 는

$$\rho = \frac{1}{q\mu_n n} = \frac{1}{(1.6 \times 10^{-19}\text{coulombs})\mu_n(2 \times 10^{15}/\text{cm}^3)}$$

그림 2-5 로 부터 $\mu_n = 1200\,\text{cm}^2/\text{V-sec}$ 이므로

$$\rho = \frac{1}{(1.6 \times 10^{-19})(1200)\,2 \times 10^{15}}\,[\Omega\text{-cm}]$$
$$= 2.6\,[\Omega\text{-cm}]$$

그림 1-7 에서 ρ 를 구하면 $\rho = 2.6\,[\Omega\text{-cm}]$ 이다.
두 결과가 거의 같음을 알 수 있다.

2. 실리콘 막대의 $N_D = 3 \times 10^{18}/\text{cm}^3$, $N_A = 1 \times 10^{18}/\text{cm}^3$이므로
$n = N_D - N_A = 2 \times 10^{18}/\text{cm}^3$

$$p = n_i^2/n = \frac{2 \times 10^{20}}{2 \times 10^{18}} = 1 \times 10^2/\text{cm}^3$$

총불순물 농도 $C_T = N_A + N_D = 4 \times 10^{18}/\text{cm}^3$, 그림 2-13 에서 μ_n과 μ_p를 구하면

$\mu_n \cong 170\,\text{cm}^2/\text{V-sec}$
$\mu_p \cong 70\,\text{cm}^2/\text{V-sec}$
$\sigma = q(\mu_n n + \mu_p p) \cong q\mu_n n \,(n \gg p)$

$$\rho = \frac{1}{\sigma} = \frac{1}{q\mu_n n} = \frac{1}{(1.6 \times 10^{-19})(170)(2 \times 10^{18})}\,\Omega\text{-cm}$$

※ 解가 그림 1-7 과 일치하지 않는 것은 2×10^{18}개의 원자가 계산상으

로 상쇄가 되었지만 캐리어의 이동도에는 영향을 미치기 때문이다.

3. 치수와 소자의 비저항을 이용하여 p영역의 도우너와 억셉터 농도를 구하면 N_D 및 N_A는 각각
   $N_D = 1 \times 10^{14}/cm^3$
   $N_A = 6 \times 10^{15}/cm^3$
   p 영역내에 존재하는 불순물의 총수는
   $N = (N_A + N_D) \times 체적 = (6.1 \times 10^{15}/cm^3)(0.5\ cm)^3 = 7.63 \times 10^{14}$

4.   전도대
     ‥‥‥‥‥‥ 도우너 준위
     ‥‥‥‥‥‥ 억셉터 준위
     ─────── 가전자 대

5. 도핑농도가 증가함에 따라 정공과 전자의 이동도가 감소하므로 진성이 아니다.

6. a. 평형상태에서만 유효하다.
   b. 전기적으로 중성인 모든 영역에 대해 유효하다.

7. 純불순물 농도는
   $N_A - N_D = 7 \times 10^{15}/cm^3 - 3 \times 10^{15}/cm^3 = 4 \times 10^{15}/cm^3$
   이며 p형이다.
   정공농도 p는
   $p = N_A - N_D = 4 \times 10^{15}/cm^3$
   따라서 전자농도 n은
   $n = \dfrac{n_i^2}{p} = \dfrac{(1.45 \times 10^{10}/cm^3)^2}{4 \times 10^{15}/cm^3} = 5.26 \times 10^4/cm^3$

3장 웨이퍼 제조 I

1. 고체 혹은 액체를 기체와 분리하는 것이 고체와 액체를 서로 분리시키는 것 보다 쉽기 때문이다.

2. a. 산화규소(SiO_2)

b. 석영도가니가 결정성장중에 용융되기 때문이다.
3. 산화규소가 더 높다. 산화규소는 용융실리콘의 오염원이므로 석영도가니가 먼저 녹아서는 안된다.
4. a. 결정 방향에 의해 웨이퍼 파괴방향이 결정되기 때문이다.
   b. 웨이퍼 가장자리의 평탄면이 파괴면을 나타낸다.
5. 원자들이 규칙적 결정구조를 이루지 못한 실리콘을 말한다.
6. 실리콘의 산화방지에 목적이 있다.
7. 結晶塊가 올바른 결정방향을 갖도록 하기 위해서 씨결정이 필요하다.
8. 온도와 引上比(pull rate)

4.장 웨이퍼 제조 III

1. a. x 지수 = 1/1/2 = 2
      y 지수 = 1/1 = 1
      z 지수 = 1/∞ = 0
   b. <210>面
2. 고체상태의 도핑농도와 액체상태의 도핑농도가 같은 때이므로 $K=1$ 이다.
3. K 가 1에 가까울수록 평탄한 곡선이 되므로 표 4-1 에서는 붕소가 된다.
4. (111)과 (100)
5. 슬립과 轉位

5장 에피택샬 성장 I

1. 아니다. 증착층이 기판과 동일한 결정구조를 가지는 것은 모두 에피택샬층이다.
2. 35°일 때의 증착율이 가장 높다.
3. 4%(그림 5-7 참조)

4. a. SiCl₄의 몰분율이 0.1일 때(그림 5-9 참조)
   b. 이러한 조건하에서 증착된 실리콘은 결정구조면에서 볼 때 특성이 좋지 않다.

5. 핵생성위치와 빈 격자점이 있어야 한다.

6. 웨이퍼를 축에서 3-7°정도 벗어나게 자른 다음 부식시킨다.

7. 증착율이 낮고 良質의 결정구조를 얻기가 힘들다.

8. i) 사염화실리콘의 수소환원
   $$SiCl_4 + 2\ H_2 \longrightarrow Si + 4\ HCl$$
   ii) 실란의 열분해
   $$SiH_4 \longrightarrow Si + 2\ H_2$$

9. $100\,\mu$ (그림 5-10 참조)

6.장 에피택샬 II

1. a. 고주파가열 : 고주파 에너지를 탄소 서셉터에 인가하여 서셉터 위에 놓인 웨이퍼를 가열한다.
   b. 자외선가열 : 특수전구가 發하는 자외선을 서셉터가 흡수하므로서 웨이퍼를 가열한다.

2. 서셉터의 온도보다 반응조벽의 온도가 낮으므로 벽에 증착되는 양이 적다.

3. a. 두께
   b. 불순물 농도
   c. 결정質

4. $d = \dfrac{n\lambda}{2} = \dfrac{(8)(0.3)}{2} = 1.2\,\mu$

5. 홈을 파서 착색하거나(groove and stain) 부식피트 깊이로 알 수 있다.

6. $1.5\,\mu m$

7장 산화 I

1. 석영

2. 산소와 증기

3. Si-SiO₂界面에서 반응이 일어난다.

4. a. 버블러 시스템
   b. 플래쉬 시스템
   c. 수소연소 시스템

5. 산소의 부피를 줄이기 위함이다.

6. 98℃

7. 폭발의 위험이 있다.

8. 1800 V 이상일 것 ($2\mu \times 900 \text{ V}/\mu = 1800 \text{ V}$)

9. HCl이나 TCE와 같은 염소화합물을 산화관내로 주입하면 이동성 소듐의 이동을 억제하여 SiO₂층의 유전특성이 개선된다.

8장 산화 II

1. a. 0.2μ (2000Å : 그림 8-1 참조)
   b. 0.15μ (1500Å : 그림 8-2 참조)

2. 아니다. 산화제가 반응을 일으키기 위해서는 먼저 SiO₂층내로 확산되어야 한다. 따라서 산화성장곡선이 산화제의 이동이 한정된 영역에 있을 때에는 산화시간을 2배로 늘려도 산화막의 두께는 2배가 되지 않는다.

3. a. 裸웨이퍼이므로 그림 8-1을 이용하면 SiO₂층의 두께는 0.3μ이다.
   b. 그림 8-2에서 b의 조건으로 3000Å을 성장시키는데 필요한 시간은 9분이다. 여기에 6분을 더하면 총시간은 15분이 되어 이때의 두께는 0.4μ이다.
   c. 그림 8-2로 부터 c의 조건에서 4000Å을 성장시키는 데 필요한 시간은 24분이다. 여기에 12분을 더하면 총성장시간은 36분이므로 산화막의 두께는 0.5μ 즉, 5000Å이다.

4. 실리콘이 이동한다.

5. 6시간 (그림 8-2 참조)

6. (100)실리콘을 1100℃에서 24분간 증기로 산화하면 산화막의 두께는 4 μ 이다. 1000℃에서 乾 O_2를 사용하여 4μ의 산화막을 형성시키는데는 2시간, 5μ를 성장시키는데는 5시간이 소요된다. 따라서 1시간이 필요하다.

7. 물분자가 O_2분자보다 작기 때문이다.

8. 산화제의 이동이 한정된 경우는 이용가능한 분자의 수가 한정된 반면 후자의 경우는 온도가 제약요인이다.

9. SiO_2층 내의 용해도가 훨씬 크기 때문에 고갈된다.

9장 불순물 주입 및 재분포 I

1. 그림 9-2에서 고용도는 약 $2 \times 10^{19} atoms/cm^3$

2. 그림 9-2에서 최대고용도는 약 $1.2 \times 10^{17} atoms/cm^3$

3. 그림 9-8로 부터 비소(As)의 확산계수가 더 높다.

4. 그림 9-8에서 인의 확산계수는 $2.5 \times 10^{-12} cm^2/sec$.

5. 가속에너지

6. 기판온도에 따라 불순물 농도가 결정된다.

8. 0.12 μ

9. 고체원, 액체원, 기체원, 원천웨이퍼의 사용, 산화물을 화학증착시키는 방법, 포토레지스터 적용과 유사한 방법(Spinning on doped oxide) 이온주입법

10. 불순물농도, 시간 및 온도

11. 불순물농도가 계속 변하므로 비저항의 평균치만을 알 수 있다.

10장 불순물 주입 및 재분포 II

1. a. 1.49008×10^{-10}
   b. 2.06 (그림 10-1 참조)

2. a. $\sim 0.3\,\mu$
   b. $0.13\,\mu$ (그림 10-3 참조)

3. a: $1.75\,\mu$
   b. $0.45\,\mu$

4. 2번과 3번 문제의 결과를 그래프로 그릴 것

5. Q가 증가함에 따라 비저항은 감소하므로 반비례한다.

6. 시간이 경과할수록 Q가 증가하므로 표면비저항은 감소한다.

11장 포토마스킹

1. 남는다.

2. a. 5500 rpm
   b. $0.8\,\mu$ (8000 Å)

3. 정도가 더 높다.

4. a. 溫氣강제순환법 : 따뜻한 공기를 강제순환시켜 레지스터로 부터 과잉용제를 제거하는 방법
   b. 적외선법 : 특수 적외선 전구로 웨이퍼를 가열하여 과잉용제를 기화시키는 방법

5. 산화철마스크와 실리콘마스크는 黃色光에는 투명하지만 강한 자외선에는 불투명하다. 크롬마스크는 강한 자외선에는 불투명하다. 크롬마스크는 단단하고 긁힘에 강한 반면 유제마스크는 불투명한 영역에서의 빛의 반사가 가장 작다.

6. 사진석판기술은 감광물질을 이용하여 마스크상의 영상을 웨이퍼로 옮기는 과정을 말한다.

7. 접착, 내부식성, 분해능 및 감광도

8. 웨이퍼에서 수증기를 제거하여 접착성을 좋게 하기 위해서 프라이밍이 필요하다.

9. 회전기를 이용하는 방법(spinning)

10. 건조시의 온도와 건조시간

11. 감광막패턴의 질과 배열을 검증하기 위해서 현상검사가 필요하다.

12. 저온건조는 잘못 배열된 레지스터를 벗겨내어 재노출시키는데 필요하다. 고온건조는 감광막의 접착성을 증가시킨다.

12장 화학증착

1. 溫壁형의 경우 반응조의 반응속도가 웨이퍼보다 빠르다. 가열방법은 熱抵抗을 이용한다.

2. a. 다결정 실리콘
   b. 산화규소
   c. 질화규소

3. 7×10^{20} atoms/cm³ (그림 12-6 참조)

4. 반응영역 주위를 외부와 차단한다.

5. 반응조, 기체조절부, 시간 및 순서제어부, 기판용 열원, 유출처리부

6. 에피택샬 성장은 화학증착의 특수한 예로써 성장층이 기판의 결정방향과 동일한 결정방향을 갖는 경우이다.

7. $3 SiH_4 + 4 NH_3 \longrightarrow Si_3N_4 + 12 H_2$

13장 금속막 증착

1. 내용참조(13-1 절)

2. 내용참조(13-3 절)

3. 전자빔

4. 플래니타리(planetary)

5. 내용참조(13-1 절)

6. 실리콘과 알루미늄간의 반응을 막기 위해 알루미늄에 소량의 실리콘을 첨가한다. 구리는 전기적 물질이동(electromigration)을 막기 위해서 첨가한다.

7. 진공조, 진공펌프 및 감시장치

8. 필라멘트 증착, 전자빔 증착, 플래쉬 증착 및 유도증착

9. 내용참조(13-4 절)

14장 소자제조공정

1. a. 22% Au, 78% Si(그림 14-3 참조)
   b. 44% Au, 56% Si

2. Al 11.3%, Si 88.7%(그림 14-1 참조)

3. Al-Si 공융점이 더 높다. (그림 14-1 및 14-3 참조)

4. a. 다이아몬드 스크라이빙
   b. 레이저 스크라이빙
   c. 절단

5. a. 열압착
   b. 초음파접착

6. 공정변수의 파악을 가능케 하기 위해 필요하다.

7. 연마 및 금속증착(자세한 내용은 14-4 절 참조)

8. 납땜이 용이하고 열적인 특성이 우수하다.

9. 제 기능을 발휘하지 못하는 다이에 표시한다.

10. 긁힘보호, 뒷면연마, 웨이퍼 분류, 소자분리, 다이접착, 도선접착, 패케이징, 최종검사, 표기 및 포장

15장 소 자

1. 바이폴라 기술과 MOS 기술

2. 바이폴라-7 단계
   MOS-5 단계

3. 트랜지스터의 3단자중 2단자를 단락시키면 단락된 두 단자와 단락되지 않은 나머지 한 단자가 다이오드를 형성한다.

4. 핀치베이스 저항

5. 그림 15-21 참조

6. 포화저항을 줄이기 위해

7. 채널과 게이트전극을 절연시키기 위해

8. 접합캐패시터에 비해 유전캐패시터의 절연파괴전압이 높고 캐패시턴스도 더 크다.

9. n채널 및 p채널 트랜지스터, 캐패시터, 저항

10. npn TR, pnp TR, 다이오드, 저항, 캐패시터

16장 오염방지

1. 소듐

2. a. 탈이온기법
   b. 역삼투압

3. a. 용제로 먼저 세척한다
   b. 용제로 酸과 반응하지 않는 왁스와 같은 유기물질을 먼저 제거해야 한다.

4. 웨이퍼 제조영역의 천정마다 라미나후드를 설치하는 것이 이상적이나 경비문제로 인해 중요부분에만 설치한다.

5. H_2SO_4에 넣고 가열 감광막이나 유기물 제거, 왕수에 넣고 가열—금속을 용해, 희석한 HF에 담근다—산화막 제거, 물로 세척—남아 있는

酸을 제거, 건조—다음 공정에 대비

6. 그림 6-1 참조

7. pH 조정, 여과 및 역삼투압의 이용

8. 불활성 플라스틱 파이프

9. 산소와 질소를 운반하는데는 구리가, 다른 기체용으로는 스테인레스를 사용한다.

10. 내용참조

17장 최근의 실리콘기술

1. Edge-defined Film-fed Growth of EFG.

2. a. 전자빔
   b. X선빔

3. 실리콘이 더 빨리 산화된다.

4. I^2L 자 소자는 공통 n^+층을 에미터로 하므로 격리시킬 필요가 없다.

5. 회로당 공정단가, 結晶塊의 크기

6. $0.5\,\mu m - 1.0\,\mu m$

7. $2.5\,\mu m - 5.0\,\mu m$

8. 웨이퍼 접점용 마스크와 최종마스크가 필요없다.

9. 그림 17-4 및 17-5 참조

10. 구조가 간단하고 공정수가 적다.

18장 非실리콘 기술

1. LED가 더 많은 전력을 소모한다. (빛을 반사하거나 통과시키는 대신 빛을 발하므로)

2. 수정은 압전체이므로 전압을 인가하면 진동하게 된다.

3. 박막 하이브리드회로는 진공증착한 금속막을 이용하는 반면 후막 하이브리드회로는 기판에 패이스트막을 스크린한 다음 고온에서 굽는 점이 다르다.

4. 에피택샬 성장
   표면산화
   사진석판공정에 의한 영상 이동
   고온에서 확산시켜 다이오드를 제조
   전극부착
   연결
   시험 및 포장

부 록

1章 TTL IC 電子回路應用
2章 C-MOS IC 電子回路應用
3章 주요 IC 단자 접속 조견표

APPENDIX I

Use of Graphs

Throughout the text lessons, much of the information presented is in the form of graphs. Graphs are a way of presenting much information in a small space, without getting into the complicated mathematics often involved. A typical graph is shown in Figure I-1.

This graph has time in minutes along the horizontal axis and distance in miles along the vertical axis. If a car is traveling at 60 miles per hour (or 1 mile per minute), the line represents the distance traveled for any elapsed time. To determine the distance covered in 30 minutes, find 30 minutes on the horizontal axis, and follow a path straight upward until it intersects the line. Then follow a path straight across to the vertical axis. The point of intersection should be at 30 miles along this axis. In a similar fashion, the distance traveled for any time up to 100 minutes can be found using this graph. The information provided by Figure I-1 can be easily obtained by multiplying the time elapsed by one mile per minute to obtain the total distance traveled. But if a constant speed is not used, a graph such as that shown in Figure I-2 would result. At the end of 100 minutes, 100 miles have been covered, but at times between 0 and 100 minutes, a set relationship between the time elapsed and the distance traveled is not easily obtained. This graph provides a method of determining the relationship between the time elapsed and the distance traveled without requiring the use of complicated mathematics.

There are three types of graphs that we will be concerned with in these lessons. These three types of graphs have different types of coordinate scales along each axis. The first type of graph has the variables displayed in a linear fashion along each axis as in Figure I-1 and I-2. Another graph of this type is shown in Figure I-3. This figure shows

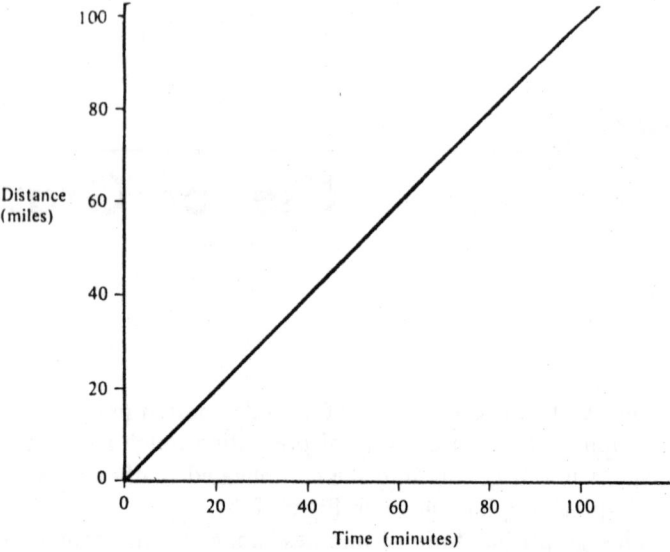

Figure I-1 Graph of the distance traveled by a car vs. time for a constant velocity.

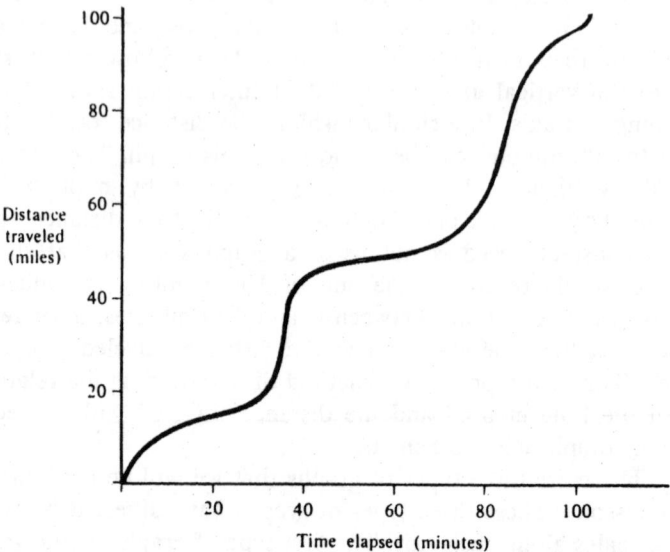

Figure I-2 Graph of the distance traveled by a car vs. time for a varying velocity.

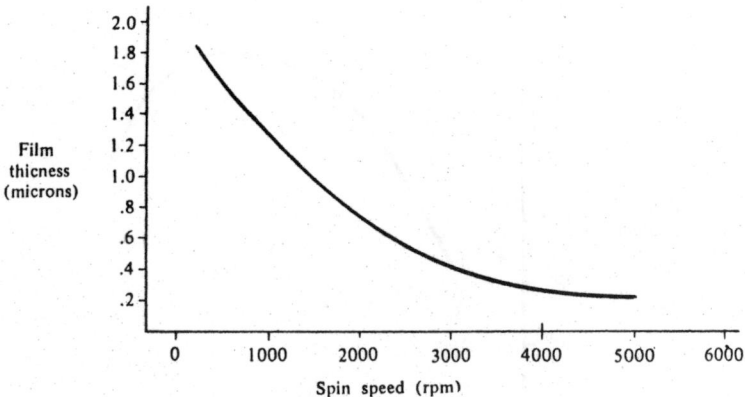

Figure I-3　Film thickness as a function of application spin speed.

the film thickness that results when a material is applied to a wafer using a spinning technique. Both axes have linearly increasing variables, usually starting with zero.

　　The second type of graph has the variable along one axis displayed using a logarithmic scale as shown in Figure I-4. The horizontal scale is linear, but the vertical scale increases by a factor of 10 between every major line. Use of a logarithmic scale allows information with a large numerical range to be displayed. An expanded portion of the logarithmic side is shown in Figure I-5. In Figure I-4, the numbers between 10^{17} and 10^{18} are numbered 2,3, etc. The line at 2 corresponds to 2×10^{17}. The next line corresponds to 3×10^{17}, and so on until we reach 9×10^{17}. The line above 9×10^{17} is 10×10^{17} which equals 1×10^{18}. It is marked on the graph. In a similar fashion, the line marked 2 above the 1×10^{18} line is 2×10^{18}. This type of graph is often called a semi-log graph.

　　Information relating two variables that both have wide ranges can be displayed using a logarithmic scale along each axis. Such a graph is called a log-log graph, and an example of one is shown in Figure 8-1.

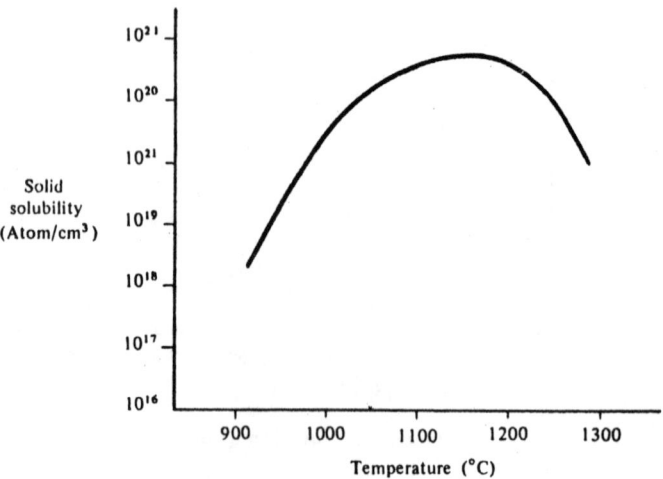

Figure I-4　Solid solubility of elements in silicon as a function of temperature.

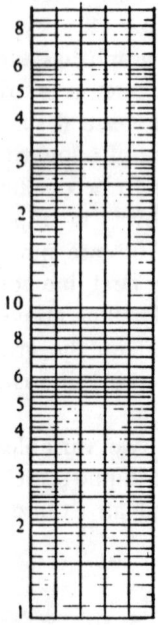

Figure I-5　Extended section of the logarithmic scale.

APPENDIX II

Units

The semiconductor industry is presently undergoing a transition from the use of English units (inches, feet, mils) to the use of metric units (millimeters, angstroms, centimeters). The set of units encountered is a function of the area of the company a person works in. In many semiconductor fabrication areas, the surface measurements such as die size and device dimensions are measured in mils, while the junction depths and epitaxial layer thicknesses are measured in angstroms or microns. The ability to rapidly convert from one system of units to another is a necessity. Table II-1 is designed to assist in the conversion from one set of units to another. To accomplish conversion, find the first set of units on the left side and the second set of units along the top. The number at the intersection of the row and column is the conversion factor.

Example 1: Convert 2.3 mils to microns.

Solution: Following the rule from above, the number at the intersection of the "mil" row and the "micron" column is 25.4

$$2.3 \text{ mils} \times 25.4 \ \frac{\text{microns}}{\text{mil}} = 58.4 \text{ microns}$$

Example 2: Convert 32 microinches to angstroms

Solution: The number at the intersection of the microinch row and the angstrom column is 2.54×10^2. So

$$(32)(2.54 \times 10^2) = 8128 \text{ A} = .8128 \text{ microns}.$$

TABLE II-1: Length Units Used in Semiconductor Technology

TO GET FROM / MULTIPLY BY	INCH (″)	MIL	MICROINCH	CENTIMETER (cm)	MILLIMETER (mm)	MICRON (μ)	ANGSTROM (Å)
INCH (″)	1	10^3	10^6	2.54	25.4	2.54×10^4	2.54×10^8
MIL	10^{-3}	1	10^3	2.54×10^{-3}	2.54×10^{-2}	25.4	2.54×10^5
MICROINCH	10^{-6}	10^{-3}	1	2.54×10^{-6}	2.54×10^{-5}	2.54×10^{-2}	2.54×10^2
CENTIMETER (cm)	0.3937	3.937×10^2	3.937×10^5	1	10	10^4	10^8
MILLIMETER (mm)	3.937×10^{-2}	39.37	3.937×10^4	0.1	1	10^3	10^7
MICRON (μ)	3.937×10^{-5}	3.937×10^{-2}	39.37	10^{-4}	10^{-3}	1	10^4
ANGSTROM (Å)	3.937×10^{-9}	3.937×10^{-6}	3.937×10^{-3}	10^{-8}	10^{-7}	10^{-4}	1

APPENDIX III

Average Conductivity of Diffused Layers (after J. C. Irvin)

[Copyright American Telephone and Telegraph Company, reprinted by permission.]

The set of graphical data presented here gives average conductivity values for layers extending from a depth x to the semi-conductor junction at x_j (see Fig. A.1). Then:

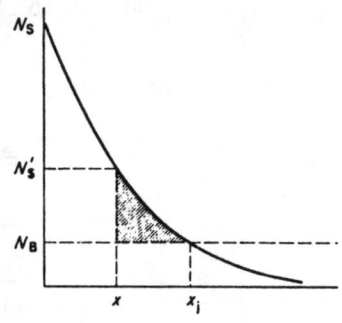

Figure III-1

$$R_s = \frac{1}{\bar{\sigma}(x_j - x)}$$

is the sheet resistance of the layer with the top slice removed. A convenient utilization guide follows.

Select diffusion profile: Erfc—Figs III-2 and III-3
                                          Gaussian—Figs III-4 and III-5
Select dopant type: N-type diffusion—Figs III-2 and III-4
                                          P-type diffusion—Figs III-3 and III-5
Select N_B: Graphs are given for $N_B = 10^{14}$, 10^{15}, 10^{16}, 10^{17}
                                          Use the graph offering the closest N_B value on a log scale.
Parameters are: N_s, $\bar{\sigma}$, x/x_j. Use any two to find the third.

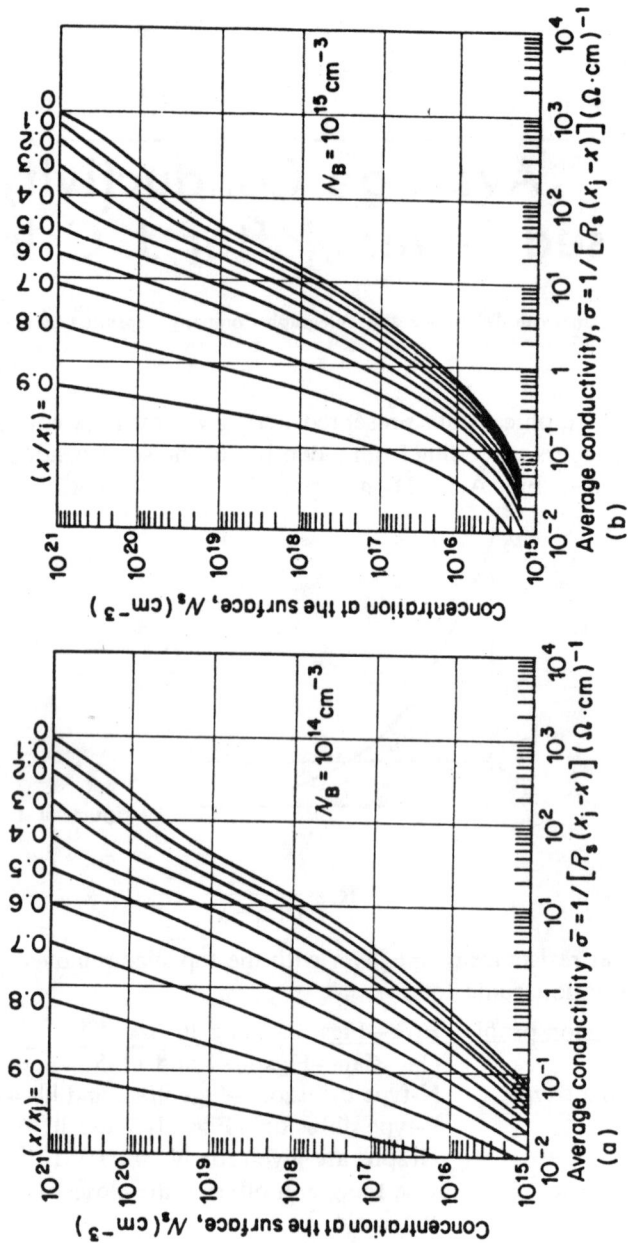

附錄 **211**

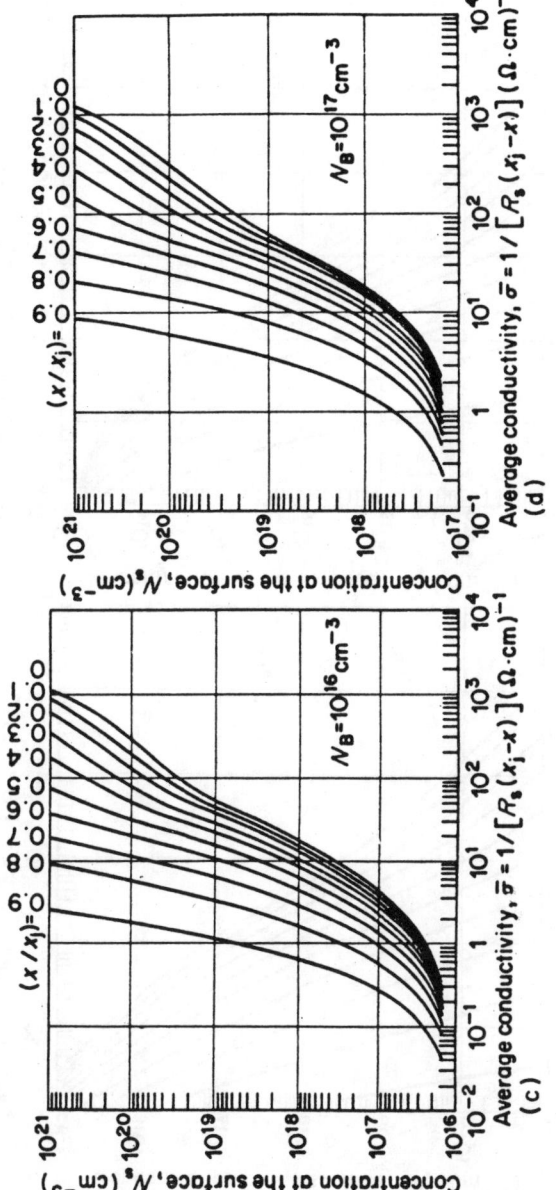

Figure III-2 Average conductivity of n-type complementary error function layers in silicon.

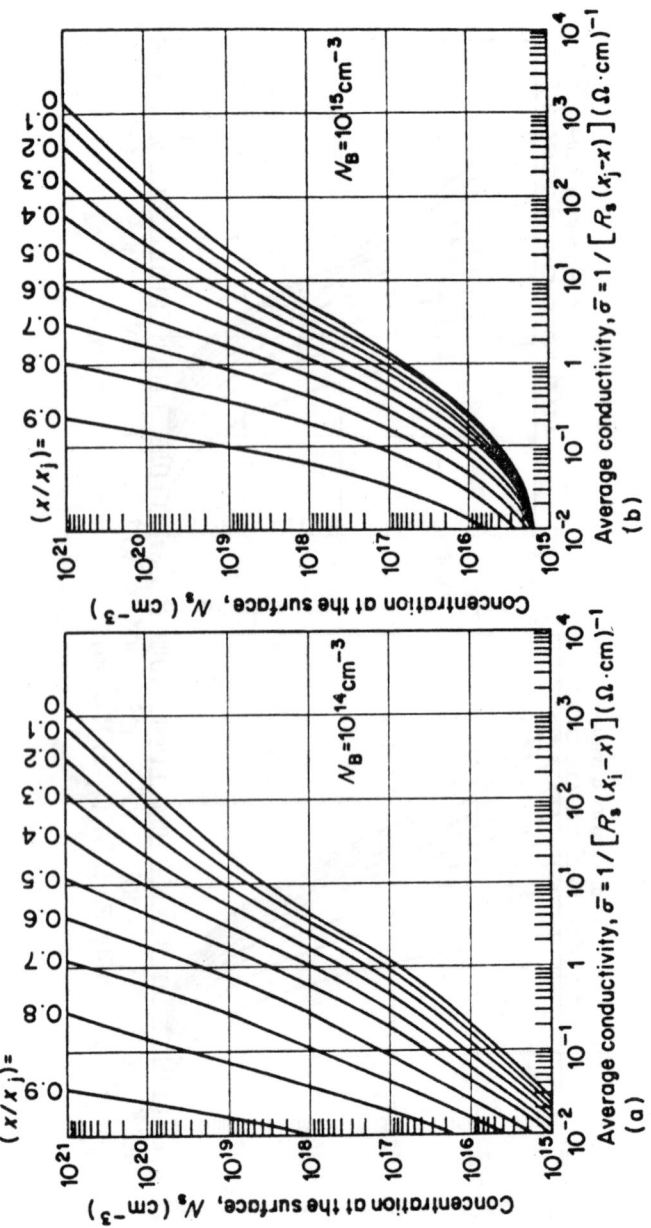

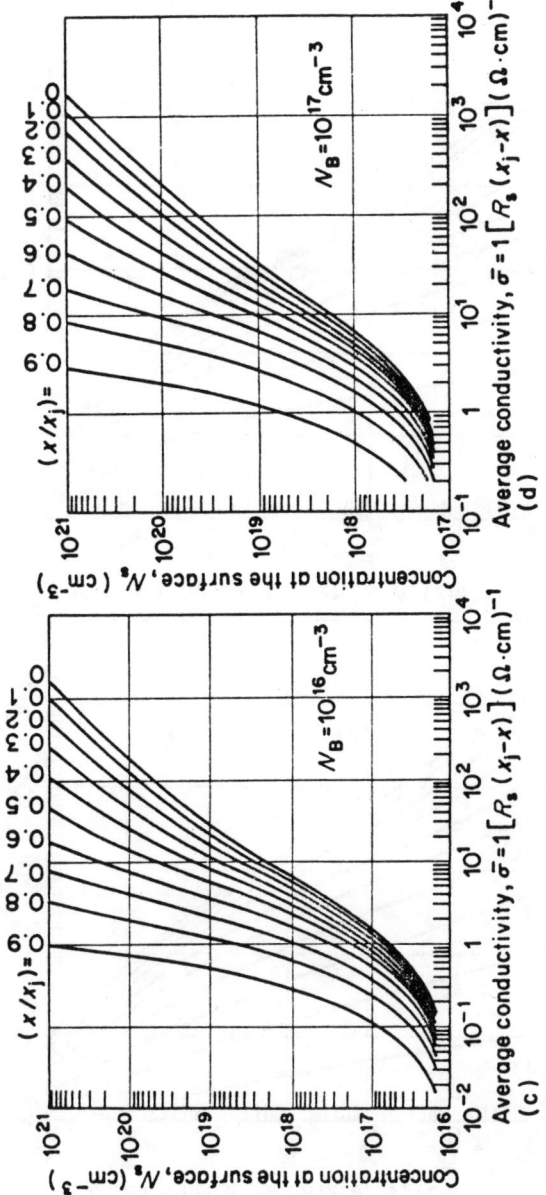

Figure III-3 Average conductivity of p-type complementary error function layers in silicon.

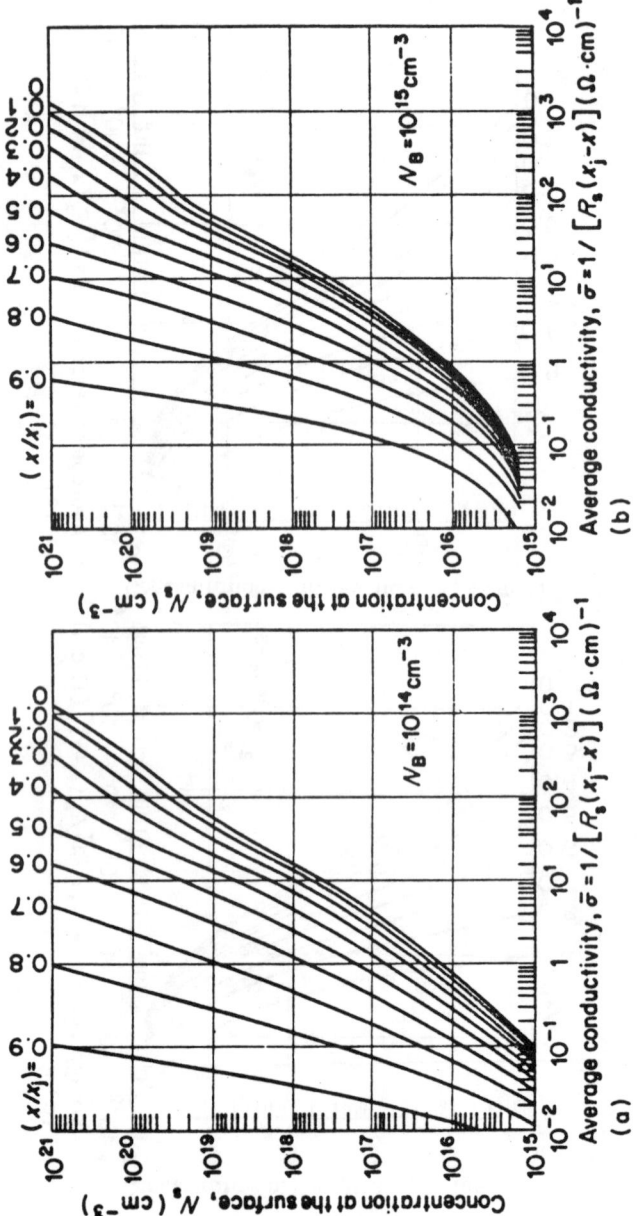

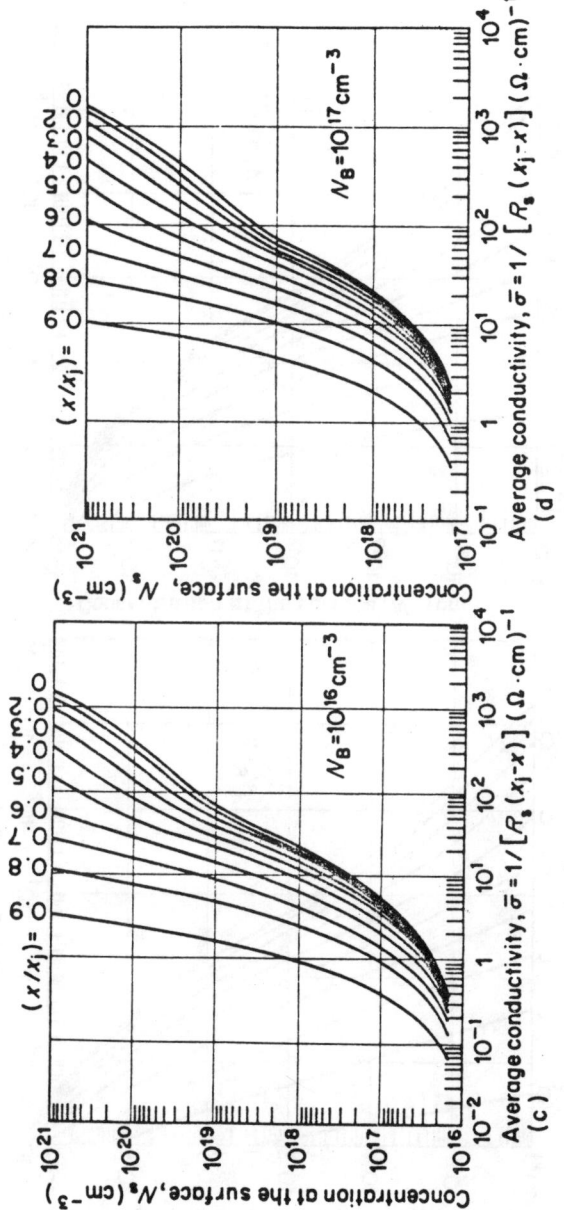

Figure III-4 Average conductivity of n-type Gaussian layers in silicon.

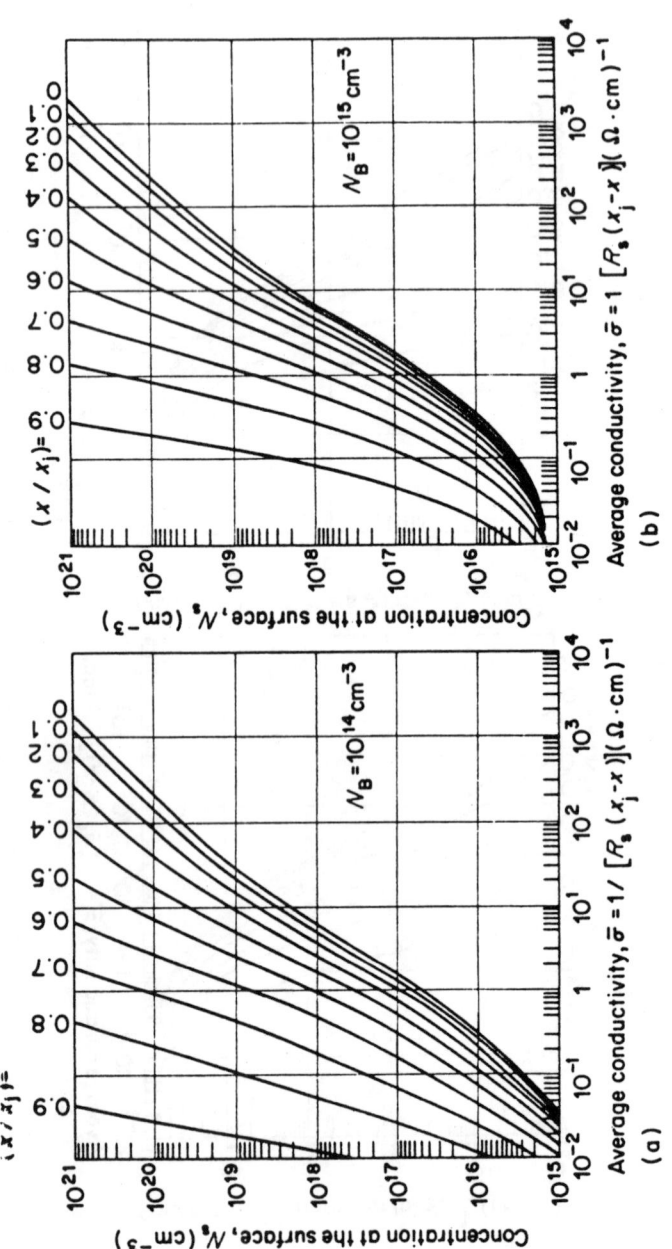

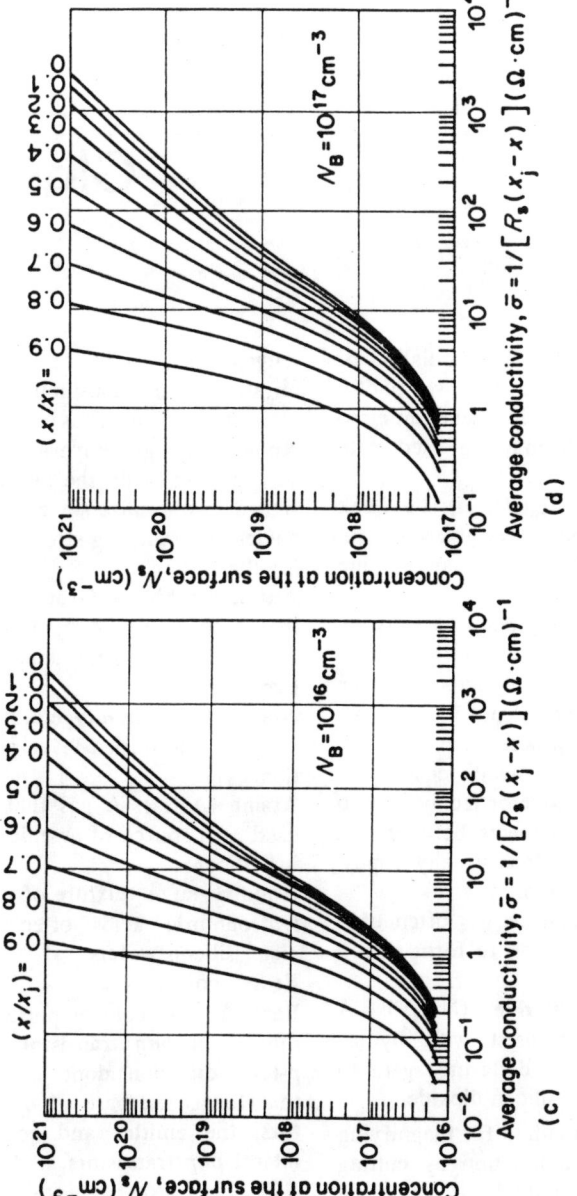

Figure Ⅲ-5 Average conductivity of p-type Gaussian layers in silicon.

APPENDIX IV

Glossary

A-30: A commercial formulation of chemicals used to remove photoresist from wafers following an etching step. A-30 may be used with many metals.

Acetic acid (CH_3COOH): A weak acid often used in conjunction with a strong acid in cleaning and etching solutions.

Alloy: In semiconductor processing, the alloy step causes the interdiffusion of the semiconductor and the material on top of it, forming an ohmic contact between them.

Aluminum: The metal most often used in semiconductor technology to form the interconnects between devices on a chip. It is usually deposited by evaporation.

Ammonia (NH_3): A gas often used to react with silicon to form silicon nitride.

Ammonium fluoride (NH_4F): A chemical often used with hydrofluoric acid as a buffering agent to form etches for silicon dioxide.

Angle lap: A method for magnifying the depth of a junction by cutting (lapping) through it at an angle away from the perpendicular.

Angstrom: A unit of length. An angstrom is one ten-thousandth of a micron (10^{-4} microns).

Anneal: A high-temperature processing step (usually the last one) designed to minimize surface effects in devices by relieving stress or annealing the wafers.

Antimony (Sb): A Group V element that is an n-type dopant in silicon. It is often used as the dopant for the buried layer.

Arsenic (As): An n-type dopant often used for the buried layer predeposition.

Arsine (AsH_3): A gas that is often used as a source of arsenic for doping silicon.

Aqua regia: A mixture of nitric and hydrochloric acids often used to clean silicon wafers.

B: See boron.

Base: 1. The control portion of an npn or a pnp transistor. **2.** The p-type diffusion done using boron that forms the base of npn transistors, the emitter and collector of lateral pnp transistors, and resistors.

BCl$_3$: See boron trichloride.

Boat: 1. Pieces of quartz joined

together to form a supporting structure for wafers during high-temperature processing steps. **2.** A Teflon or plastic assemblage used to hold wafers during wet processing steps.
Boat puller: A mechanical arrangement to push a boat loaded with wafers into a furnace and/or withdraw it at a fixed speed.
Bonding pad: The relatively large, circular, rectangular, or square areas of metallization that are probed or attached to when access to devices or circuits is desired.
Boron: The p-type dopant commonly used for the isolation and base diffusion in standard bipolar integrated circuit processing.
Boron trichloride (BCl_3): A gas that is often used as a source of boron for doping silicon.
Buffer: An additive that prevents the rapid change of the chemical activity of an acid or a base solution by keeping the number of ions capable of reacting essentially constant even as the solution is used.
Bump technology: A method of forming raised regions of metal over bonding pads to allow the simultaneous bonding of the "bumps" to a substrate or a package.
Buried layer: The n^+ diffusion in the p-type substrate done just prior to growing the epitaxial layer. The buried layer provides a low-resistance path for current flowing in a device. Common buried-layer dopants are antimony and arsenic.
Capacitance: A measure of the amount of charge (DC) which a device can store in the dielectric between two conductors when a given voltage is applied. Capacitance is measured in farads.
Channel: A thin region of a semiconductor that supports conduction. A channel may occur at a surface or in the bulk. They may indicate contamination problems or incomplete isolation, if not wanted, but are essential for the operation of MOSFET's and SIGFET's.
Chip: One of the individual circuits on a wafer.
Chrome (Cr): A metal often used to fabricate masks. Chrome does not wear out as fast as emulsion, so chrome masks last longer.
Contact: The regions of exposed silicon that are covered during the metallization process to provide electrical access to the devices.
Contamination: A general term used to describe unwanted material that adversely affects the physical or electrical characteristics of a semiconductor wafer.
Cross section: A magnified display of the structure of a device. Diffused junctions, metallization, and oxide layers are often shown in this manner.
Current: A measure of the number of charged particles passing a given point per unit time.
Curve tracer: A piece of electrical test equipment that displays the characteristics of a device visually on a screen.
Develop: A photoresist process, this step removes the photoresist from areas not defined by the mask and exposure step.

Diborane (B_2H_6): A gas that is often used as a source of boron for doping silicon.
Die: See chip.
Dielectric: A material that conducts no current when it has a voltage across it. Two dielectrics encountered in semiconductor processing are silicon dioxide and silicon nitride.
Diffusion: A process used in the production of semiconductors which introduces minute amounts of impurities into a substrate material such as silicon or germanium and permits the impurity to spread into the substrate. The process is very dependent on temperature and time.
Diode: A two-terminal device that allows current to flow in one direction but not in the other. A diode is present at the intersection of a p-type and an n-type region of a semiconductor.
Dopant: An element that alters the conductivity of a semiconductor by contributing either a hole or an electron to the conduction process. For silicon, the dopants are found in Group III and Group V.
Dry oxide: Thermal silicon dioxide grown using oxygen.
E–beam: See Electron beam.
Electron: A charged particle revolving around the nucleus of an atom. It can form bonds with other atoms or be lost, making the atom an ion.
Electron beam: A type of evaporation that uses the energy of a focused electron beam to provide the required heat.

Emitter: 1. The region of a transistor that serves as the source or input end for carriers. **2.** The n-type diffusion usually done using phosphorous that forms the emitter of npn transistors, the base contact of pnp transistors, the n^+ contact of npn transistors, and low-value resistors.
Emulsion: The opaque portion of a mask made using light-sensitive silver compounds.
Epi: See epitaxial.
Epitaxial: Greek for "arranged upon." The growth of a single crystal semiconductor film upon a single crystal substrate. The n-type layer of silicon deposited on the substrate and buried layer is epitaxial silicon.
Etch: A process for removing material in a specified area through a chemical reaction.
Evaporation: A process step that uses heat to evaporate a material from a source and deposit it on wafers. Both electron-beam and filament evaporation are common in semiconductor processing.
Filament: A coiled piece of wire that is loaded with a material to be evaporated and heated by passing current through it.
Four-point probe: A piece of electrical equipment used to determine the sheet resistivity of a predeposition or a diffusion.
Furnace: A piece of equipment containing a resistance-heated element and a temperature controller. It is used to maintain a region of constant temperature with a controlled atmosphere for the processing of semiconductor devices.

Getter: A process by which unwanted impurities are segregated out of a material such as silicon or silicon dioxide.
H_2: *See* hydrogen.
HCl: *See* hydrochloric acid.
HF: *See* hydrofluoric acid.
HNO_3: *See* nitric acid.
Hole: The concept used to describe the movement of the "absence of an electron" through the crystal structure of a semiconductor.
Hydrochloric acid (HCl): A strong acid often used to clean silicon.
Hydrofluoric acid (HF): A strong acid used to etch silicon dioxide. It is often diluted or buffered before it is used.
Hydrogen (H_2): A gas used in semiconductor processing primarily as a carrier gas for high-temperature reaction steps like epitaxial silicon growth.
Hydrogen peroxide (H_2O_2): A chemical that is a strong oxidizing agent. It is often used with sulfuric acid to remove photoresist.
Ion: An atom that has either gained or lost electrons, making it a charged particle (either positive or negative).
Iron oxide (Fe_2O_3): A material used in making long-lasting masks. It has the added advantage of allowing some visible light through, resulting in a see-through mask.
Isolation mask: The second mask in standard bipolar integrated circuit fabrication. Boron is diffused into silicon in regions etched during the isolation photoresist process and electrically separates or isolates regions of silicon.
Isopropyl alcohol: A solvent often used in semiconductor processing for final rinsing and drying.
J-100: A commercial formulation of chemicals used to remove photoresist from wafers following an etching step. J-100 may be used with many metals.
Junction: The place at which the conductivity type of a material changes from *p*-type to *n*-type or vice versa.
Kit part: A device or a group of devices made electrically accessible by a separate metal mask stepped into the standard array of circuit metallization.
Leaky: A much-used term implying the presence of an unwanted current when a voltage is applied between two points.
Mask: A glass plate covered with an array of patterns used in the photomasking process. Each pattern consists of opaque or clear areas that respectively prevent or allow light through. The masks are aligned with existing patterns on silicon wafers and used to expose photoresist prior to etching either silicon dioxide or a metal. Masks may be emulsion, chrome, iron oxide, silicon, or a number of other materials.
Metallization: The layer of high-conductivity material (a metal) used to interconnect devices on a chip. Aluminum is most often used with silicon.
Methanol: *See* methyl alcohol.
Methyl alcohol: A solvent often used in semiconductor processing for re-

moving other solvents, as a wetting agent, or as a final rinse.

Micron: A unit of length. 1 micron (μ) is one-millionth of a meter (10^{-6} meters).

Monolithic: Refers to the single silicon substrate in which an integrated circuit is constructed.

MOSFET (Metal Oxide Silicon Field-Effect Transistor): A device that works by inducing a conductive channel in silicon using a metal gate over a layer of oxide.

N_2: *See* nitrogen.

Negative resist: Photoresist that remains in areas that were not protected from exposure by the opaque regions of a mask while being removed in regions that were protected by the develop cycle. A negative image of the mask remains following the develop process. Waycoat and microneg are two common negative resists.

Nitric acid (HNO_3): A strong acid often used to clean silicon wafers or etch metals.

Nitride: *See* silicon nitride.

Nitrogen (N_2): A gas that seldom reacts with other materials. It is often used as a carrier gas for chemicals in semiconductor processing.

npn transistor: A transistor with an emitter and collector of n-type silicon and a base of p-type silicon.

n-type: A dopant belonging to the Group V elements. In silicon, the dopants fifth outer electron is free to conduct current.

O_2: *See* oxygen.

Ohm (Ω): The unit used to express resistance. One ohm is the resistance against which one volt will cause a current of one amp to flow.

Ohmic: A term used to denote a linear relationship between the voltage across a region and the current through it. An ohmic contact has this linear relationship, but hopefully the resistance is low.

1,1,1-Trichloroethane: A solvent which replaces regular trichloroethylene.

Operational amplifier (abbreviated op amp): The basic building block of linear circuits. The 709 and the 741 are operational amplifiers produced in large quantities for use in equipment like analog computers.

Oxide: *See* silicon dioxide.

Oxygen (O_2): A gas used in semiconductors to oxidize silicon, to form vapor-deposited oxide, and for other processing steps.

Passivation: A layer of a material put over an integrated circuit to stabilize the surface of its devices. Silicon dioxide or silicon nitride are often used for passivation.

Phosphine (PH_3): A gas that is often used as a source of phosphorus for doping silicon.

Phosphorus: The n-type dopant commonly used for the sinker and emitter diffusions in standard bipolar integrated circuit technology.

Phosphorus oxychloride ($POCl_3$): A liquid that is often used as a source of phosphorus for doping silicon.

Photoresist: The light-sensitive film spun onto wafers and "exposed" using high-intensity light through a mask. The "exposed" photoresist can be dissolved off of the wafer using developers leaving a pattern of photoresist which allows etching to take place in some areas while preventing it in others.

Plating: The electrochemical process used to deposit a metal on a desired object by placing the object at one electrical polarity and passing a current through a chemical solution to another electrode. The metal is plated from either the solution or the other electrode.

pnp resistor: A transistor with an emitter and collector of p-type silicon and a base of n-type silicon.

$POCl_3$: *See* phosphorus oxychloride.

Positive resist: Photoresist that is removed in areas that were not protected from exposure by the opaque regions of a mask while remaining in regions that were protected by the develop cycle. A positive image of the mask remains following the develop process. AZ-1350 is a common positive resist.

Poly: *See* polycrystalline silicon.

Polycrystalline silicon: Silicon composed of many (poly) crystals. Raw silicon comes in ingots of poly prior to crystal growth. Poly may be deposited epitaxially (either accidentally or on purpose) by depositing it too fast, at too low a temperature, or by depositing on a layer of silicon dioxide.

Predeposition (often called predep): The process step during which a controlled amount of a dopant is introduced into the crystal structure of a semiconductor.

p-type: A dopant belonging to the Group III-A elements. In silicon, the absence of a fourth outer electron manifests itself as conduction by a positively charged particle called a hole.

PVX (a shortened name for phosphorus-doped vapor-deposited oxide): a chemically deposited layer of phosphorous-rich silicon dioxide. PVX can be used for scratch protection, but is often used with a layer of vapox.

Quartz: Another name for silicon dioxide. Because of its temperature-resistant properties, quartz is used in many processing steps in integrated circuit fabrication.

Radio frequency: The energy medium used to heat the susceptor in most epitaxial reactors. Radio frequency means that the energy is transferred at a frequency near the normal radio transmitting band.

Reactor: A piece of equipment used for the deposition of a layer of material used in semiconductor processing. Common types of reactors are epitaxial reactors, vapor reactors, and nitride reactors.

Resistance: A measure of the difficulty in moving electrical current through a material when voltage is applied. Resistance is designated by the symbol R, and is measured in ohms.

RF: *See* radio frequency.

Sheet resistivity: A measurement with dimensions of ohms per square that tells the number of n-type or p-type donor atoms in a semiconductor.

SIGFET (Silicon Gate Field Effect Transistor): A device similar to a

MOSFET but with a gate of doped polycrystalline silicon instead of metal.

Silane (SiH_4): A gas that readily decomposes into silicon and hydrogen. It is often used to deposit epitaxial silicon, and reacts with ammonia to form silicon nitride or oxygen to form silicon dioxide.

Silicon (Si): The Group IV element used for fabricating diodes, transistors, and integrated circuits.

Silicon dioxide (SiO_2): A passivating layer that can be thermally grown or deposited on silicon wafers. Thermal silicon dioxide is commonly grown using either oxygen (O_2) or water vapor (H_2O) at temperatures above 900°C.

Silicon nitride (Si_3N_4): A passivating layer chemically deposited on wafers at temperatures between 600°C and 900°C. It protects devices against contamination once it is applied.

Silicon tetrachloride ($SiCl_4$): A gas that reacts with hydrogen producing silicon and hydrogen chloride gas. It is often used to deposit epitaxial silicon.

Sinker: An n^+ diffusion from the surface of a device to the buried layer. The sinker provides a low-resistance path from the collector contact to the buried layer. Phosphorous is the dopant commonly used for sinkers.

Si_3N_4: *See* silicon nitride.

Slug: *See* buried layer.

Sputtering: A method of depositing a film of material on a desired object. A target of the desired material is bombarded with RF-excited ions which knock atoms from the target and deposit them on the object to be coated.

Steam oxide: Thermal silicon dioxide grown by bubbling a gas (usually oxygen or nitrogen) through water at 95°–98°C.

Subcollector: *See* buried layer.

Sulfuric acid (H_2SO_4): A strong acid often used to clean silicon wafers and to remove photoresist.

Susceptor: The flat slab of material (usually graphite) on which wafers are heated during high-temperature deposition processes like epitaxial growth or nitride deposition.

TCE: *See* trichloroethylene.

Thermal oxide: A layer of silicon dioxide grown in a furnace.

Thermocouple: A device to measure the temperature in a furnace or a reactor. It is made by welding two wires together at a point. Heat generates a voltage between the two materials that is proportional to the temperature.

Transistor: A three-terminal electrical device fabricated in silicon having three distinct regions:
  a. emitter—the carriers originate here.
  b. base—the control region
  c. collector—carriers leave the transistors here

Transistors may be either *pnp* or *npn* devices.

Trichloroethylene: A solvent often used in semiconductor processing to remove grease or wax from wafers, boats, glassware, or other articles. Its use has been discontinued in many areas because of environmental considerations.

Tube: 1. See furnace. **2.** A cylindrical piece of quartz with fittings on one or both ends. It is placed in a furnace to provide a contamination-free and controlled atmosphere.

Vapox (a shortened name for vapor deposited oxide): A chemically deposited layer of silicon dioxide. It is usually deposited at temperatures between 350°C and 500°C, and is often used for scratch protection.

Voltage: The force applied between two points to try to cause charged particles (and hence current) to flow.

Wafer: A usually round, thin slice of a semiconductor material. Often used when referring to a wafer of silicon.

Wafer sort: The step at which integrated circuits are tested to see whether or not they work. Probes contact the pads of the circuit and they are measured by putting in an electrical signal and seeing if the correct one comes out.

Wet oxide: Thermal silicon dioxide grown by bubbling a gas (usually oxygen or nitrogen) through water at some temperature between 0°C and 100°C.

Xylene: A solvent often used in semiconductor processing to remove unexposed photoresist.

索 引

〔ㄱ〕

가열망태·······················63
가전자대·······················23
감광도························114
감광막························111
感光유리판····················113
降服強度·······················69
게르마늄······················14
隔雜·························151
결정결함···················35, 40
결정방향···················34, 37
결정성장기····················32
結晶轉位······················40
결함경계면····················41
界面··························57
固溶度························82
고주파가열····················32
공유결합······················14
공융온도·····················141
共融접착·····················147
光硬化 레지스터··············114
光高温計······················51
光軟化 레지스터··············114
光集積回路··················184
궤도電子數····················12
금속··························14
금속막 증착·············111, 131
기체차단형···················123

〔ㄴ〕

冷壁형·······················124

〔ㄷ〕

多結晶 실리콘············32, 124
다이분리·····················144
다이오드·····················152
다이 접착····················147
단결정 실리콘棒···············33
도우너························17
도우너준위····················23
도우즈·······················92
도우펀트······················82
도우펀트 웨이퍼···············85
도핑··························17

도핑농도……………………………39
도핑원자의 再分布………………75
同位元素……………………………12
드라이브인………………………89, 104
드라이브인 확산…………………80
드리프트운동………………………27
디보란………………………………125

〔ㄹ〕

라미나 후드………………………50
랩 및 스프레딩 프로브…………58
러핑 펌프…………………………138
로드…………………………………32
로타리형 油密펌프………………133

〔ㅁ〕

마스터………………………………113
마스크………………………………111
마스크 웨이퍼……………………175
埋入層………………………………151
모래여과……………………………167
MOS 기술…………………………151, 160
MOS 트랜지스터…………………161
문턱전압……………………………92
Miller 지수법………………………37

〔ㅂ〕

바이폴라 기술……………………151
薄板抵抗……………………………19
半導體………………………………11
반도체………………………………14

反應率이 한정된 경우……………74
發光 다이오드……………………43, 183
배경농도……………………………96
배치…………………………………114
버블러………………………………63
베이스………………………………151
베이스 저항………………………157
베이스/콜렉터다이오드…………155
劈開面………………………………34
보완오차함수………………………99
보트…………………………………63
부식…………………………………46
부식저항……………………………114
부식피트……………………………59
부식피트 깊이……………………57
분포상수……………………………39
분해능………………………………114
불순물 주입원……………………84
브레드보드…………………………111
比抵抗………………………………18, 19

〔ㅅ〕

4 염화실리콘………………………48
4 點프로브…………………………19
寫眞石版……………………………114
산화규소……………………………125
산화막 접착판……………………144
산화제의 移動이 한정된 경우……74
3 염화실란…………………………48
Ⅲ-Ⅴ族 반도체……………………183
상대깊이……………………………90
相對溶解度…………………………75
서셉터………………………………50

索 引 229

석영(SiO₂)·················· 32
석영 주입기················· 65
선별부식···················· 41
선택적 부식················· 57
소듐························ 167
소수캐리어················· 18
素子 웨이퍼················ 85
素子板····················· 147
쇼트키 장벽 다이오드······ 58
수소 燃燒·················· 64
收率······················· 146
수직 라미나후드············ 169
수직형 에피택샬 반응로····· 54
수평형 에피택샬 반응로····· 54
스크라이빙················· 146
스텝커버리지··············· 138
스퍼터링················48, 137
濕式산화················64, 71
실란······················· 48
실란의 熱分解·············· 49
실리콘····················· 14
실리콘 시편················ 27
실리콘 웨이퍼·············· 27
실리콘 웨이퍼 성장········· 174
씨 결정···················· 32

[ㅇ]

아르곤····················· 32
알로이 공정················ 141
알루미늄··················· 132
암························· 32
액정회로··················· 184
앵글랩 및 착색············· 56
양극산화················58, 77
양성 레지스터·············· 114
양이온 교환················ 168
陽子······················· 11
어널링·················136, 142
어닐······················· 141
억셉터··················17, 18
억셉터준위················· 23
에너지 갭·················· 23
에미터····················· 151
에미터/베이스다이오드····· 155
에미터 저항················ 157
에폭시 접착················ 147
에피 隔離 다이오드········· 155
에피 저항·················· 157
에피택샬 반응로············ 53
에피택샬 증착·············· 43
에피택샬층················· 43
에피택시··················· 56
X 線回折··················· 34
NMOS 기술················ 162
n채널 MCS················ 162
n形半導體·················· 17
엘립소 메터················ 66
역 바이스 C-V 기법········ 58
역삼투기··················· 168
塑性變形··················· 40
逆接合降服················· 43
연마······················· 34
연마패드··················· 35
연삭작업··················· 34
열산화····················· 62
熱壓着····················· 147
열저항법··················· 32

염소처리………………………167
王水……………………………166
溫氣 강제순환법………………117
溫壁형…………………………124
용융무기염……………………167
용융실리콘……………………32
운반기체………………………63
源泉웨이퍼……………………85
웨이퍼 스크라이브……………146
유도 증착………………………137
유전강도………………………69
유전캐패시터…………………159
음성 레지스터…………………114
移動度…………………………18
離散素…………………………43
이온……………………………12
이온결합………………………14
이온교환법……………………167
이온주입………………………90
이온 펌프………………………134
이온화 원자……………………12
1.1.1……………………………166
〈111〉面………………………38

〔ㅈ〕

자기버블………………………185
자외선 에너지…………………53
自由電子………………………17
작업판…………………………113
長軸……………………………45
저온화학증착법………………183
저항……………………………157
적외선 간섭……………………57

적외선(IR)法…………………117
전기적 물질이동………………131
傳導帶…………………………23
傳導度…………………………18
電位우물………………………178
電子……………………………11
전자비임을 이용한 노출………175
전자비임 증착…………………135
전진反復 사진기………………113
전하결합 소자…………………178
電荷量…………………………25
電解부식………………………125
前型접착………………………147
절 단…………………………34
절연체…………………………14
접점……………………………151
접착……………………………114
접합깊이………………………96
접합캐패시터…………………159
正孔……………………………16,17
제너다이오드…………………155
제어전하………………………161
縱型 pnp 트랜지스터…………152
周期律表………………………12
中性子…………………………11
증발성장………………………48
증발증착………………………48
증착확산………………………80,95
진공기법………………………134
진공완드………………………50
眞空蒸着………………………48,132
진공펌프………………………133
眞性半導體……………………16
질화규소………………115,124,177

索 引 **231**

集積注入論理……………………178, 180
集積回路………………………………43

〔ㅊ〕

초음파 접착……………………………147
최대고용도………………………………84
最外殼電子………………………………12
쵸크랄스키 結晶成長……………………32
쵸크랄스키 法……………………………39
充滿帶……………………………………23
치환확산제…………………………89, 98

〔ㅋ〕

칼슘염…………………………………167
캐로우절…………………………………56
캐리어……………………………………27
캐패시터………………………………159
커어프…………………………………146

〔ㅌ〕

탈이온법………………………………167
說脂공정………………………………166
터보펌프………………………………134
토오치 시스템……………………………65
트랜지스터……………………………151

〔ㅍ〕

패키지…………………………………148
平面슬립…………………………………41
포토레지스터……………………………86
포토마스킹……………………………111

표면 프로필로메타………………………66
標的웨이퍼………………………………90
프린지……………………………………59
플라즈마 부식…………………………119
플래니타리……………………………138
플래쉬 시스템……………………………65
플래쉬 증착……………………………136
플로트존 結晶成長………………………32
플로트존 法………………………………39
피라니 게이지…………………………134
p 形半導體……………………………17
핀치베이스 저항………………………158
핀치에피 저항…………………………158
필라멘트 증착…………………………135

〔ㅎ〕

하이브리드 회로………………………185
核…………………………………………11
核生成位置………………………………45
헤파여 과기……………………………169
화학약제…………………………………31
화학증착…………………………86, 121
확산………………………………………79
확산계수……………………………79, 90
擴散운동…………………………………27
擴散제어형………………………………74
확산펌프………………………………134
활성탄 여과……………………………167
혼합층 여과……………………………168
橫型 트랜지스터………………………152
흡수펌프………………………………133

[A]

acceptor 17, 18
adhesion 144
alloy 141
aluminum 118
anion exchange 168
annealing 141
anodic oxidation 58, 77
Aqua regia 166
arm 32

[B]

background concentration 96
batch 114
boat 63
bonding pad 144
bread board 111
breakdown strength 69
bubbler 63
buried layer 151
burnt hydrogen 64

[C]

carousel 56
CCD 178
charge coupled device 178
chemical vapor deposition 86
cleavage plane 34
CMOS 163
complementary MOS 163
conductivity 18
contact 151
controlling charge 161
crystal dislocation 40
crystal puller 32
Czochralski 32
CZ법 32

[D]

defect boundary 41
device pad 147
diborane 125
die attach 147
die bonding 147
dielectric strength 69
die separation 144
diffusion coefficient 79
diffusion-limited case 74
Dimitri Ivanovich Mendeleef ... 12
discrete device 43
distribution coefficient 39
donor 17
Dopant 39
dopant source 84
doping 17
dose 92
drift 27
drive-in 80

[E]

EFG 174
electrolytic etching 125
electron-beam evaporation 134
ellipsometer 66

epi-isolation ································ 155	Integrated Injection Logic ········ 178
epi-resistor ································· 157	interface ································· 57
epitaxi ······································ 56	ion implantation ····················· 90
etching ····································· 46	isolation ································ 151
etch-pit ····································· 59	Isoplanar Process ····················· 177
etch resistance ························ 114	
evaporation technique ················ 48	〔K・L〕
eutectic temperature ················ 141	

〔F〕

filament evaporation ················ 135	kerf ······································ 146
flash ······································ 65	Lamina Flow Hood ·················· 50
flash evaporation ····················· 134	lap and spreading probe ············ 58
float zone ································· 32	light-hardened resist ················ 114
four-point probe ······················ 19	light-softened resist ·················· 114
fringe ······································ 59	LTCVD ································· 183
FZ법 ······································· 32	

〔G〕

〔M〕

Gas-blanketed downflow	magnetic domain ····················· 185
system ······························· 123	major axis ······························ 45
grinding ·································· 34	master ·································· 113

〔H〕

	metallization ··························· 111
	misalignment angle ·················· 52
	mixed bed polisher ·················· 168
	mobility ································· 18

hall ································ 16, 17	〔N・O〕
heating mantle ························ 63	
horizontal reactor ····················· 47	negative resist ························ 114
hot probe ································ 27	nucleation site ························ 45
	optical pyrometer ···················· 51

〔I〕

〔P〕

I²L ······································· 178	photolithography ····················· 114
induction evaporation ··············· 134	

photoresist 86, 111
photoresistivity 114
photosensitized glass plate 113
pinched base resistor 157
pinched-epi resistor 158
pitted substrate surface 46
planar slip 41
planetary 138
plasma etching 119
plastic deformation 40
positive resist 114
potential well 178
predeposition 80
preferential break 34
preferential etch 41, 57

〔R〕

reaction rate-limited case 74
relative depth 90
relative solubility 75
resistivity 18
resolution 114
reverse junction breakdown 43
reverse osmosis(RO) 168
RF 32
RO 168
rod 32
roughing pump 138

〔S〕

schottky barrier diode 58
seed crystal 32
seven-mask 111
sheet resistane 19
SIGFET 162

silicon nitride 115
SiO_2 32
smock 171
solid solubility 82
solid solubility limit 84
SOS 163
sputtering 48, 134
steam oxidation 71
step-and-repeat 113
step coverage 138
substitutional diffusers 89
succeptor 50
surface profilometer 66

〔T〕

target wafer 90
TCE 90
thermal compression : TC 147
threshold voltage 92
torch 65
translation 111
transport-limited case 74
Turbomolecular pump 134

〔V〕

vacuum depositiop 48
vaccum wands 50
vapor growth 48

〔W・Y〕

wafer 27
wafer scribe 146
working plate 113
yield 146

반도체 공정기술 입문

공역자 : 최세곤
김종성
어수해

1988년 1월 10일 초판1쇄 발행
1994년 8월 25일 초판3쇄 발행

발행자 : 유광종
발행처 : **한국이공학사**
주소 : 서울특별시 마포구 서교동 461-29호
전화 : 338-5543~4 / 팩스 : 332-7780
등록 : 1977년 2월 1일 · 제 9-92 호

정가 : 6,000원

ISBN 89-7095-606-9